食品知識ミニブックスシリーズ

〈改訂4版〉

ハム・ソーセージ入門

古澤栄作著

日本食糧新聞社

まえがき

ハム・ソーセージ等食肉加工品が家庭の食生活に定着して、約半世紀が過ぎようとしている。この間の消費量はめざましい勢いで増加したものの、ここ数年は国内生産量の微増と業務筋を中心とした輸入量の増加により総需給量は増加傾向にある。昭和30年代から平成一ケタのころまでは、食の洋風化の進展と定着化にともない、朝食やお弁当、オードブルなどに食肉加工品は高い頻度で取り入れられた。近年においては、冷凍・レトルト食品などとの競合、加工原料となる食肉に対して、消費者の安全性や表示に関する関心の高まり、中高年を中心とした健康へのマイナスイメージなどがなかなか払しょくされないという状況にある。一方、消費者のいわゆる本物志向や、養豚農家（企業）等の所得向上を目的とした六次産業化の進展により、統計に表れてこない製造直売量が大きく伸びているのも事実である。

このように、食肉加工品の消費・供給構造が大きく変化しつつある時代に対応するためには、食肉加工品に関する知識・技術の基本に立ち返ることが必要ではないだろうか。本書は、食肉加工業の歴史を回顧し、現状を解説するとともに、食肉加工品の分類や製造に関する基本的な知識と技術の解説をメインとした。なお、製造に使用する機器類は、小規模工場向きのものとし、製造対象品目は、結着材料（異種たん白質等）を含まない、ソーセージ類、プレスハム、ハム類、ベーコン類に限定した。製造工程では、原料処理、塩漬《えんせき》、チョッピング、カッティング、（練り合わせ）、充填、加熱・冷却および包装等各工程のポイントを解説した。
最後に、本書の改訂版発行の機会を与えて下さった、元社団法人日本食肉加工協会塚田様、日本食糧新聞社に対し重ねて深く感謝します。

２０１５年７月
筆者

目次

一、わが国の食肉加工品の歴史と発展推移

⑴ ハムの発祥地は長崎

わが国で食肉加工品といわれるハムやベーコンの発祥の地は長崎といわれ、長崎・出島のオランダ館においてオランダ人がハムを作っていることが資料で確認されている。ソーセージについての起源は定かでない。

記録として現れてくるのは明治維新前後で、その時期は不明であるが、当時の外国人あるいは外国人から伝習された人が製造し始めたと考えられ、明治初年、長崎県西彼杵郡浦上山里村の松本辰五郎が中国某人より製法を習得し、また長崎市小島の中村建吉の祖が維新前に通訳の斡旋でオランダ人について製法を研究したともいわれる。

記録としてもっとも古いのは、長崎市大浦の片岡伊右衛門が明治5（1872）年に長崎に来遊したアメリカ人のペンスンからハム（当時はハムといえば骨付きハムを指していた）の製法を伝授され、同11月に工場を建設して製造を開始したことで、これはその製品を出品した第一回内国勧業博覧会の記録に残っている。

いわゆる鎌倉ハムの起源は、明治7年の秋、イギリス人ウイリアム・カーティスが神奈川県戸塚の加藤かねを妻としホテル業を営むかたわら、牛・豚を飼育し乳をしぼり、またハム・ベーコンを製造して横浜在留の外国人に売り込み、大いに利益を得たことにあるといわれる。このハム・ベーコンの製造において将来わが国で製法を会得し、また自ら研究に努めたのが今日の鎌倉ハムの元祖

というべき益田直蔵と斉藤万平である。

なお、「鎌倉ハム」の名称については、当時の戸塚が神奈川県鎌倉郡に属していたので、その周辺で造られるハムを世人が一般に「鎌倉ハム」と呼んだことに始まった。とくに登録した商標ではなく、通称のようなものである。

一方、北海道開拓使庁の事業として、明治6年に東京農事試験場で、9年には札幌養豚場でそれぞれハムを試作し、10年の内国勧業博覧会に出品した。また、11年にはパリで開催された万国博覧会に出品した記録があり、期せずしてわが国の中央と南北両端の3カ所でほとんど同時に食肉加工が始められたわけである。

その後は、日露戦争後の好況にのって会社組織による2~3の工場が建設されたが、いずれも時期尚早であまり発展しなかった。

(2) 明治30年代に食肉加工業の基礎が確立

明治30年代に入ると、ホテルやレストラン、軍納等の外食・業務需要と、外国人や西洋風を取り入れた一部の日本人の個人消費等により、現在のわが国の食肉加工業の基礎が確立されたとされる。明治34年のハムの生産量は98tにすぎなかった。

当時の国産品は品質的に十分といえず、輸入品も多く出回り市場拡大に貢献していたが、明治34(1901)年に関税制度の改正により輸入品が輸入しづらくなった。このことがわが国の食肉加工業発展の原動力となり、生産量も400~500tとなった。大正初めには神奈川県のシェアが90%以上を占め、鎌倉ハムの名声が全国的に広まった。

その後第一次世界大戦が勃発し、食肉加工品の輸入の減少、輸出の増大、価格の上昇等で生産も活発化した。

(3) 大正時代にソーセージの生産が開始

大木一蔵がドイツ人マーチンヘルッと親交を結び、同人からドイツ式の食肉加工技術を学び研究を続け、大正3（1914）年、第一回の神奈川畜産共進会に参考品としてソーセージ数種を出品し、日本人として最初のハム・ソーセージの専門店を東京・銀座に開いた。

続いて第一次世界大戦（大正3～7年）中にドイツ人俘虜（習志野の収容所）カール・ヤーンから畜産試験場の飯田吉英技師がドイツ式のソーセージの製法を聴取し、大正7年にこれを広く公開した。その後、ソーセージの製造が全国的に広まっていき、製品も日本人の嗜好に合うように改良されつつ発展していった。

このほか、オットー・ローマイヤー、カール・レーモン、ヘルマン・ウォルシュケなどの外国人が食肉加工業を始めたり、食肉加工技術を日本人に伝授したりしたが、これらも大正時代であった。

しかし、第一次世界大戦後に恐慌が起こり、食肉加工業も影響を受けた。さらに大正12年に関東大震災が起き、食肉加工品の生産も一時減退したが、大正末期の生産量は2000tを超えるにいたった。

昭和に入っても不況が続き、生産が一時停滞したが、満州事変後の軍需景気や好況により食肉加工品の生産もしだいに増加した。昭和15（1940）年に年間4500tと回復し、食肉加工業も小規模ながら企業としての発展が芽生えたところに日中戦争の長期化、第二次世界大戦の勃発により大きな打撃を受けるにいたった。

昭和19年の8月には企業整備要綱により全国の食肉加工の228工場は74工場と3分の1に圧縮整備され、終戦時には操業工場45、生産量も年間750tまで減少した。

(4) プレスハムが庶民の食生活に浸透

終戦（昭和20年8月）から25年1月の物品税全廃にいたる5カ年間は整備期といわれ、20（1945）年12月に食肉配給統制規制は廃止されて、原料肉は一応自由に入手できるようになった。しかし現実には豚の飼育頭数は戦前の8％にまで激減し、その他の原料肉も乏しく、そのうえインフレで物価はうなぎ登りに高騰し、十分な生産はとうてい期待すべくもなかった。さらに、学校給食で原因不明の食中毒が発生し、給食病や上北沢熱などといわれたが、その原因がソーセージと判明され、食品衛生法で製造基準に中心温度60℃30分という加熱基準が制定された。25年後半から30年にいたる5カ年は概して順調な経過をたどり、原料事情の好転もあり、業界もようやく生気をとりもどしていった。

とくに主原料である豚の生産も戦前並みに回復し、また、軍需という需要を失った馬が大量に肉用として出回り、兎肉とともにこれらを原料とした安価なプレスハムが製造され、庶民の食生活にもしだいに浸透していった。

肉豚の生産過剰により昭和26年の夏には豚価は戦後最低を示すなど、食肉加工業にとって有利な条件もあり、この間には毎年生産量も20％を上回る伸びをみせ、戦後の成長産業の一つに数えられるにいたった。

⑸ 昭和30～40年代は20％台の成長、工場建設ラッシュ

昭和30～40年にかけて食肉加工業は急成長をとげた。この時期が成長期といわれ、飛躍的に業界が伸びた。

昭和30（1955）年には戦後の日本経済も完全に立ち直り、35年から高度成長期に入り国民所得も増え、食料品への支出が増大、食生活の洋風化等により食肉ならびに食肉加工品に対する需要も増大した。家庭用冷蔵庫の普及等もあって食肉加工品に対する需要は著しく増大し、工場の建設ラッシュに沸いたときでもあった。

食肉加工品の需要の増加に対して原料肉、とくに豚肉生産の安定的確保のために豚肉の価格安定制度が設けられたのも、この時期（昭和36年）であった。

このような情勢において、食肉加工業界も従来の経験的技術から理論を基調とした技術の採用をめざした。先進国からコンサルタントを招いて技術指導を受けたり、海外の食肉加工の事情を視察するため調査団の派遣を盛んに実施した。食肉加工品の16品目に対してＪＡＳ規格が制定されたのも、昭和37年であった。

また、中堅の上位企業がローカルメーカーの性格を脱し、全国規模の大企業に発展する基礎を固めたのもこの時期であった。設備の合理化、生産性の向上を目指して性能のよい加工機械が海外から導入され、技術的にも発展し、昭和30年には年間2万7000ｔにすぎなかったハム・ソーセージなどの生産量は、40年には5倍の13万ｔに達した。

昭和42年に血清豚事件が発生し、売れ行きが減少した。このときに食品衛生法において食肉製品製造業に食品衛生管理者の設置が義務づけられた。

昭和40年以降も日本経済が安定成長期に入り、食肉加工品の生産は、48年までは毎年10％台の順調な増加で推移した。48年には年間28万tの生産量となり、40年の約2倍となった。

主原料である豚の生産も順調に増大し、昭和46年の枝肉生産重量は84万3000tと40年の2倍を超えるにいたった。また、46年にソーセージ、47年にハム・ベーコンの輸入も自由化され、羊肉、馬肉の輸入も順調に行われた。

(6) 50年代以降は低成長安定期から熟成期へ

きわめて順調な発展を続けてきた食肉加工業も、いわゆる第一次オイルショックのあおりをうけて、昭和48（1973）年以降消費の減退が目立ち、49年はついに前年を下回る状況となった。

しかし、日本経済が立ち直りをみせるとともに、昭和50年から食肉加工品の生産、消費も順調に回復し、再び10％に近い伸びを示すようになった。第二次オイルショックの54年以降は伸びが停滞し、1～2％の伸びにとどまる状況となった。その後製品の品質の向上や新製品の開発等により、58年頃より生産は回復の兆しをみせ、60年には4・2％の伸び、61年は6・8％と大幅な伸びとなった。その後、62年には3・8％、63年には2・5％、平成元（1989）年には2・1％となったが、2年にはマイナスとなり、戦後2回目の前年割れとなった。3年は2・3％増と回復し、4年には1・5％増となった。しかし5年には0・1％、6年は0・4％の微増にとどまったが、7

年は1・0％増加となった。

⑺ 平成8年以降の国内生産の停滞と輸入製品の増加

平成8（1996）年に発生した牛BSEをはじめ、鳥インフルエンザなど、疾病の発生による食肉全体に対する消費者の不信感、また、消費者の健康志向の高まりによる誤った食肉に対する知識の浸透、食肉の不当表示などにより、食肉および食肉加工品の消費も停滞傾向にある。一方、食肉加工業界を含む食品業界では、食肉を原料に含むレトルト食品や冷凍食品の新商品が増加した。このことにより、いわゆるハム・ソーセージ・ベーコンを中心とした「食肉加工品」は、メーカー間や製品間の競争だけでなく、幅広い加工食品や惣菜も含めたなかで、消費者に選択される時代となった。また、食肉加工品ではここ10年ほど大ヒット商品が出ていない。これからは、高齢者の増加や他食品業界でも取り組んでいる機能性食品等開発に積極的に対応すべきである。

一方、業務用を中心とした低価格ソーセージ類の輸入は、平成12年以降急増している。ハム・ベーコン類は、海外ブランドを意識した骨付きハムや生ハムの輸入が、数量的には少ないものの安定的に増加している。ソーセージ類の輸入量は、国内生産量の15％を超える時代となり、製品の価格競争も国内だけでなく、国際競争の時代となっている。

食肉加工品の原料の大半は、昔も今も豚肉であることには変わりはない。この間、豚肉の品種改良や肉質改善は、製造技術の進歩と製品の品質向上に大きく貢献した。

二、食肉加工業の沿革と動向

食肉加工業の基礎が確立されたのは明治30年代といわれ、明治34（１９０１）年の国内生産量は98ｔであった。１００年以上経過した平成７（１９９５）年には55万ｔにまで増加し、その後やや減少したものの18年には約49万ｔとなっている。

この間、第一次世界大戦、関東大震災、第二次世界大戦、オイルショックなどにより、そのつど食肉加工業も一時停滞した。しかし、昭和30年代以降は、冷蔵庫の普及、物流技術の進展、食生活の改善や洋風化に対応した商品開発等により年々生産量も増加した。ここ数年は国内生産量が微増のなか、製品の輸入量が増加し、食肉加工品の総需給量は58万ｔ前後で安定している。

１　企業動向

明治39（１９０６）年頃の食肉加工業の企業数は、神奈川県下に８カ所の個人のハム製造所があった。大正８（１９１９）年の企業数は全国で36カ所になり、企業形態として合資会社２社、個人企業20社で、残りは学校、試験場等で製造されていた。

昭和に入り、消費の増加とともに企業数も増え始め、昭和18（１９４３）年には２２８企業に達したが、その半数以上は個人企業であった。

昭和46年までに、以前個人企業および協同組合であった企業の大半が株式会社となり、その後も大半が株式会社となっている。50年から平成８（１９９６）年までの企業数は２００企業前後で推移したが、22年には１４９企業に減少した（図表

2―1)。

資本金別企業数の動向をみると、昭和38年には資本金500万円以下の企業数が大半を占めていたが、約20年後の56年には500万円~3000万円が60企業、1億円以上も45企業となった。平成22年においては、資本金1億円以上の企業数は44となり、販売額の拡大とともに資本金も順次増額される企業が増えた(図表2―2)。

昭和20年以前は一企業一工場が大半であったが、30年以降は大手企業が数工場を持つようになり、工場数も大幅に増加した。次の項でも示すが、30年の工場数(食肉製品製造業許可件数)は444工場であったが、55年には1000工場を、平成7年には2000工場を超えた(図表2―3)。すべての工場がハム・ソーセージ製造工場ではないにしても、12年までの工場数は年々増加傾向であった。

ここに示した企業数は、一般社団法人日本食肉加工協会(日本ハム・ソーセージ工業協同組合)の会員(組合員)企業であるが、実際にハム・ソーセージを製造販売している企業数は明確でない。近年の会員企業数は150前後であり、食肉製品製造業許可件数(工場数)約2200件からみると、大半が会員企業でない工場である。

また、次に示す食肉加工品の生産量等も会員企業の数値であり、会員以外の生産量等は明確にされていない。しかし、養豚農家(企業、組合)、食肉専門店等が特徴を活かして直営する工場もかなり存在しており、これら工場の直売ばかりでなく、通信販売等も含めて今後の動向が注目される。

図表2-1 食肉加工業の企業形態

年	企業数	株式会社	合名会社	有限会社	合資会社	協同会社	個人
大正8(1919)	36				2		20
昭和2(1927)	12	2			3	1	3
10(1935)	26	5	1		8	4	8
18(1943)	228	47				13	167
46(1971)	200	166	2	19	3	3	7
54(1979)	195	167	1	16	3	3	5
59(1984)	194	168	1	15	3	5	2
平成元(1989)	200	175	1	14	3	5	2
6(1994)	196	181		7	2	5	1
8(1996)	195	174		12	2	6	1
17(2005)	158	134		14	2	6	1
22(2010)	149	134		10	1	3	1

資料：昭和10年まで「食肉加工百年史」より集計。農林水産省「食肉便覧」、日本ハム・ソーセージ工業協同組合加入企業

図表2-2 食肉加工業の資本金別企業数

年	企業数	100万円以下	~500万円	~3,000万円	~5,000万円	~1億円	~5億円
昭和38(1963)	157	46	72	37	3	3	7
46(1971)	200						
56(1981)	191	18	31	60	26	21	24
59(1984)	190	14	30	56	32	19	24
平成2(1990)	201	11	27	59	31	24	32
6(1994)	196	6	20	25	36	27	24
8(1996)	195	7	18	60	28	24	37
17(2005)	158	3	10	23※1	65※2		57※3
22(2010)	158	1	5	22	77		44

資料：農林水産省「食肉便覧」
注　：※1は501～1,000万円、※2は1,001万円～1億円、※3は1億円以上の企業数。

図表2-3 食肉加工品の生産量推移

（単位：ｔ）

年	食肉加工品					合計	対前年比 %	工場数
	ハム類	ベーコン類	ソーセージ類	プレスハム類	混合製品			
明治34(1901)	47	51				98		
43(1910)	361	64				425		
大正4(1915)	1,186	104	23			1,313		27
14(1925)	1,219	234				1,453		45
昭和5(1930)	995	273	810			2,078	92.3	79
10(1935)	1,796	236	1,615			3,647	152.7	
15(1940)	2,187	229	2,154			4,570	106.5	114
20(1945)	250	16	261			527	22.8	74
25(1950)	4,494	253	1,583			6,330	131.1	
30(1955)	2,188	1,044	7,237	16,607		27,076	128.2	444
35(1960)	4,866	2,223	37,801	29,310		74,200	119.2	468
40(1965)	7,276	2,955	59,875	49,677	16,095	135,878	109.2	599
45(1970)	15,930	6,520	89,860	87,400	20,330	229,450	107.1	622
50(1975)	36,800	16,950	140,008	97,065	8,368	299,281	107.8	914
55(1980)	81,083	37,401	173,106	101,246	10,237	403,073	101.0	1,068
60(1985)	105,185	54,274	221,425	76,122	3,582	466,093	104.2	1,369
平成2(1990)	123,823	69,513	274,422	53,696	3,852	525,306	97.3	1,885
7(1995)	131,462	76,649	309,056	35,526	1,078	553,771	101.0	2,077
12(2000)	124,222	77,768	292,606	25,807		520,403	102.7	2,179
17(2005)	109,938	76,287	278,797	29,077		494,099	98.1	2,110
22(2010)	103,319	81,040	292,791	26,780		503,930	99.3	2,165
25(2013)	107,349	86,942	306,587	28,845		529,723	101.3	2,249
26(2014)	106,137	86,946	312,859	30,657		536,599	101.3	

資料：大正14年までは「食肉加工百年史」より抜粋、大正６、７年は飯田吉英著「豚と食肉加工の回想」より、昭和元年～24年までは（社）日本食肉加工協会の推定、昭和25年～37年までは日本ハム・ソーセージ工業協同組合員の生産量を推定、昭和38年からは農林水産省「食肉加工品生産量調査」。工場数は24年まで「食肉加工百年史」より、30年以降厚生省調査。日本ハム・ソーセージ工業協同組合「年次食肉加工品生産数量」注　：１．昭和43年～45年の合計には、その他の製品を含む。２．昭和50年以降のプレスハムにチョップドハムを含む。３．平成12年以降のプレスハムにチョップドハム、混合プレスハムを含む。４．工場数は「食肉製品製造業」営業許可数。

2　生産状況

(1) 生産の動向

食肉加工業の基礎を固めた明治30年代の初めは、気温の低い時期だけ生産しており、明治34（1901）年の生産量は98ｔであった。

大正に入り、冷蔵庫が使用され始めて一年中生産できるようになり、大正4（1915）年には生産量は1313ｔと4ケタ台に達した。それ以降、増加・減少をくりかえしながら経過していった。

昭和30年代に入り、高度成長とともに所得が向上し、食生活の改善、冷蔵庫の普及等により生産量は年々増加し、昭和30（1955）年の生産量は2万7千ｔ、35年には7万4千ｔ、40年には13万6千ｔと、この年代の初めと終わりでは5倍の急増となった。

昭和40年から45年までは年間10％の伸びを示し、45年には22万9千ｔに達したが、45年から50年まではオイルショックなどにより伸びが停滞し、50年には29万9千ｔにとどまった。

そして、昭和50年の初めから生産量も再び伸び始め、年間10％台の伸びを維持し、55年に40万3千ｔ、60年46万6千ｔと増加した。

平成に移行し、総生産量は平成7年の55万ｔまで順調な伸びを示したが、その後減少傾向となり、17年には49万ｔにまで減少した（図表2―3参照）。

この要因としては、景気低迷にともなう食品全体の需要の伸び悩み、食品全体および食肉の表示に関する不信感、口蹄疫・ＢＳＥ・鶏インフルエンザなど食肉に直接関係する安全性への懸念、原料に食肉を含む冷凍・レトルト食品等加工食品の増加、消費者の食生活の変化、近年においては、業務用を中心とする輸入製品との価格競争の激化が考えられる。

また、これら食肉加工品の生産工場数（食肉製品製造業営業許可件数）は年々増加の一途をたどり、昭和30年の４４４工場から55年には１０００工場、平成７年には２０００工場を超えた。そして25年からの工場数は２２００台で推移している（図表２―３参照）。

⑵ 種類別動向

種類別にみると、明治・大正時代はハム・ベーコンが生産の中心となっていたが、昭和20年以降はソーセージのシェアが高くなり、35年には総生産量の過半数を占めるようになった。30年から統計に載ったプレスハムは55年まで増加傾向にあったが、以降減少傾向となっている。また、原料に食肉以外の魚肉等を含む混合製品は、45年以降減少の一途となり、平成12年以降は統計上にも掲載されなくなった（図表２―４）。

平成26年の種類別構成比は、ソーセージ類58％、ハム類20％、ベーコン16％、プレスハム６％となっており、この順位は平成２年以降変化していない（図表２―５）。

⑶ 地域別の生産動向

明治時代の生産は、鎌倉ハムの名称で知られている神奈川を中心とした関東が中心となっていた。昭和26年には関東のシェアも過半数を割り込み、全国的に生産が行われるようになった。

傾向的には、関東、近畿、東山・東海と大消費地の生産割合が高くなっている（図表2―6、図表2―7）。しかし、東北は昭和26年3・1％から平成24年には7・0％、東山・東海は11・3％から16・2％に、九州は7・5％から11・3％とシェアが増加しており、加工原料のメインとなる豚肉の主産地を含む地域の伸びが大きい傾向にある。

3　食肉加工品のＪＡＳ格付数量

ハム・ベーコン・ソーセージのＪＡＳ格付は、昭和37（1962）年に16種類の農林規格が制定されて以来、（一社）日本食肉加工協会が農林水産大臣の定める登録格付機関の指定を受け実施している。現在では、ハム・ベーコン・ソーセージのＪＡＳは6品種25種類について定められている。また、品種により等級が定められ、ハム類のボン

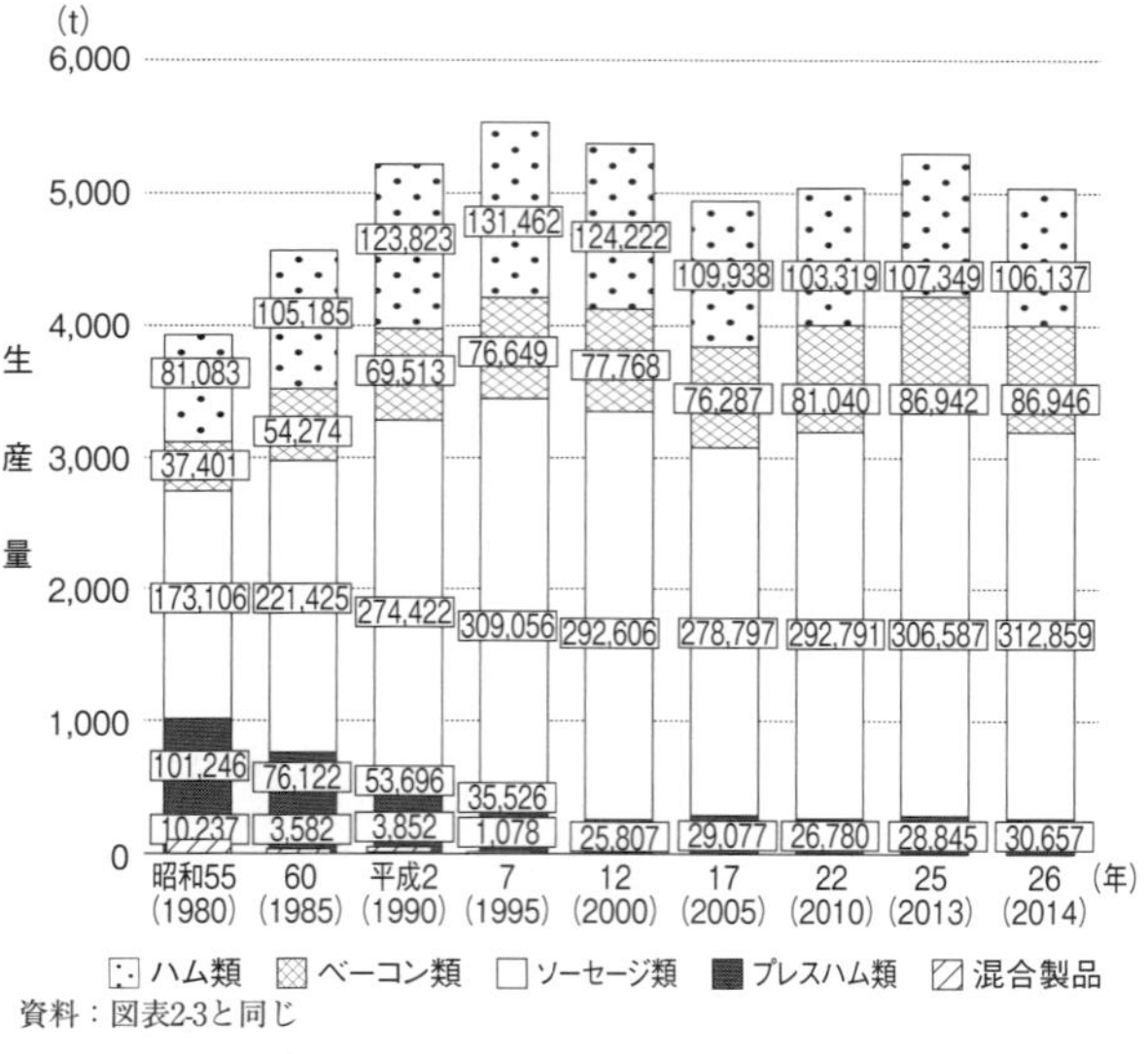

資料：図表2-3と同じ

図表2-4 食肉加工品の生産量推移

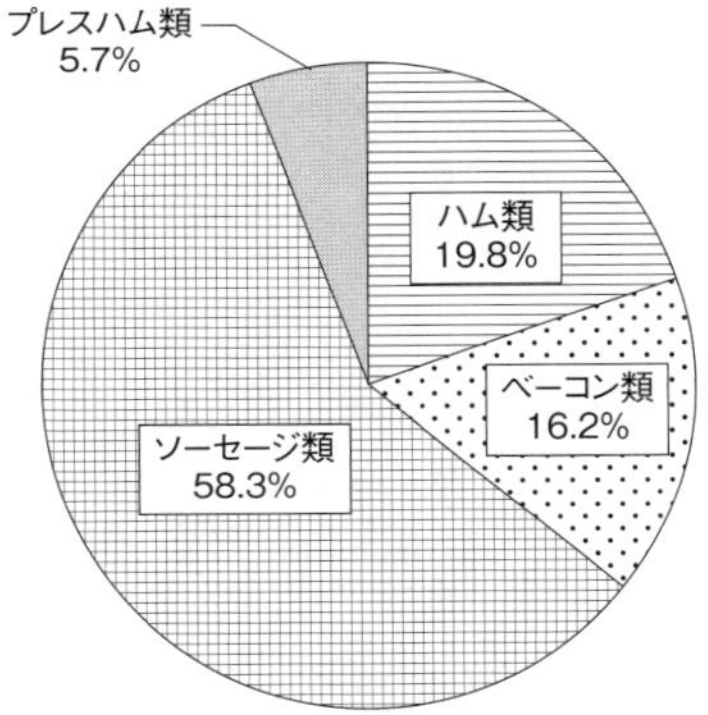

資料：図表2-3と同じ

図表2-5 平成26年種類別生産比率

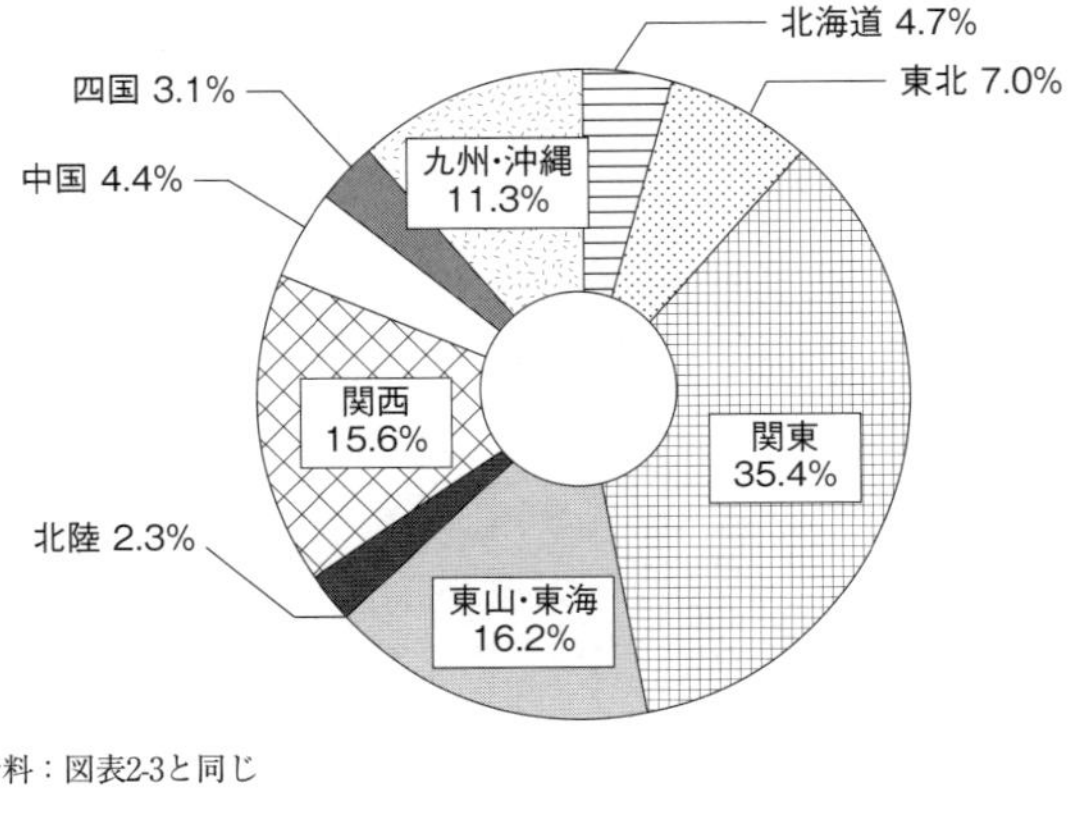

資料：図表2-3と同じ

図表2-6 平成24年地域別生産割合

図表2-7 食肉加工品の地域別生産割合および種類別生産割合

（単位：生産量 t 、生産割合%）

年	項目	計	北海道	東　北	関　東	北　陸	東山･東海	近　畿	中　国	四　国	九　州	種類別割合(計100%)
大正7	生 産 量	1,413			1,094		1	252	4	16	46	ハ　　ム68.1ベーコン30.0
(1918)	生産割合	100.0			77.5		0.1	17.8	0.3	1.1	3.2	ソーセージ1.9
昭和26	生 産 量	7,823	204	246	3,503	620	883	1,149	261	378	579	ハ　　ム69.8ベーコン3.5
(1951)	生産割合	100.0	2.6	3.1	44.8	7.9	11.3	14.7	3.3	4.8	7.5	ソーセージ26.7
昭和35	生 産 量	74,200	1,324	2,605	33,003	4,590	7,758	17,131	1,503	2,866	3,420	ハ　　ム6.6ベーコン3.0
(1960)	生産割合	100.0	1.8	3.5	44.3	6.2	10.6	23.3	2.1	3.7	4.5	プレスハム39.5ソーセージ50.9
昭和45	生 産 量	220,020	5,686	9.355	96,607	8,065	19,956	52,343	8,202	6,368	13,438	ハ　　ム7.3ベーコン2.9
(1970)	生産割合	100.0	2.6	4.2	43.9	3.7	9.1	23.8	3.7	2.9	6.1	プレスハム44.4ソーセージ45.4
昭和55	生 産 量	403,058	14,615	32,348	142,955	21,081	43,990	74,650	16,891	16,823	39,705	ハ　　ム20.1ベーコン9.3
(1980)	生産割合	100.0	3.6	8.0	35.5	5.2	10.9	18.5	4.2	4.2	9.8	プレスハム27.7ソーセージ42.9
平成2	生 産 量	525,306	23,863	42,858	179,574	18,842	76,065	85,571	20,843	25,016	53,674	ハ　　ム23.6ベーコン13.2
(1990)	生産割合	100.0	4.3	7.9	34.7	3.6	14.5	16.1	4.0	4.8	10.2	プレスハム10.5ソーセージ52.7
平成8	生 産 量	544,258	25,131	42,084	180,742	13,800	86,729	87,306	22,984	27,082	58,400	ハ　　ム22.0ベーコン14.7
(1996)	生産割合	100.0	5.0	8.0	33.0	3.0	16.0	16.0	4.0	5.0	11.0	プレスハム5.8ソーセージ56.6
平成18	生 産 量	490,656	21,249	35,409	167,484	12,628	79,786	82,998	21,313	15,554	54,234	ハ　　ム21.9ベーコン15.9
(2006)	生産割合	100.0	4.0	7.0	34.0	3.0	16.0	17.0	4.0	3.0	11.0	プレスハム5.9ソーセージ56.3
平成24	生 産 量	522,938	24,604	36,488	185,188	11,788	84,562	81,537	23,019	16,461	59,292	ハ　　ム20.6ベーコン16.5
(2012)	生産割合	100.0	4.7	7.0	35.4	2.3	16.2	15.7	4.4	3.1	11.3	プレスハム5.2ソーセージ57.6

資料：大正７年は「食肉加工百年史」より、ほかは農林水産省調査。日本食肉研究会「食肉の科学」VOL.48、No.1、2007に一部追加
注　：沖縄は九州に含む。

レスハム、ロースハム、ショルダーハムには特級、上級、標準、プレスハムは特級、上級、標準、ソーセージ類のウインナー、フランクフルト、ボロニアソーセージは特級、上級、標準の等級が定められている。また、平成7（1995）年12月に「熟成ハム」「熟成ベーコン」「熟成ソーセージ」の特定JASが制定された。

JAS格付数量は、平成2年24万6000tをピークに年々減少傾向にある。生産量全体に対するJAS格付率は、同年46・8％から26年には21・6％にまで減少した（図表2―8）。

熟成ハム・ベーコン・ソーセージの総格付数量は、ハム類は増加傾向、ソーセージ類は平成24年をピークに減少傾向にある（図表2―9）。

4　原料肉の動向

明治27（1894）年のと畜場数は903カ所で、と畜頭数は牛が約15万頭、豚と馬がそれぞれ約3万頭で、食肉生産量は約3万t弱と明治終わり頃までの食肉消費はほんのわずかであった。大正に入ってもわが国の食肉生産は少なく、輸入を含めても10万t程度の需給であった。わが国に初めて食肉が輸入された記録は、大正6（1917）年の牛肉103tである。

昭和に入ると、生産量も増え始めて昭和15（1940）年には15万tに達したが、第二次世界大戦で食肉は統制品となったなどの事情により、わが国の食肉生産は2万t強まで減少した。

第二次大戦後は、食肉生産も順調に回復すると

図表2-8 食肉加工品JAS格付数量の推移

（単位：ｔ）

年	ハム類	ベーコン類	ソーセージ類	プレスハム類	混合製品	合　計	格付率
昭和55(1980)	46,454	20,410	106,546	25,594	1,421	200,425	49.7
60(1985)	49,318	30,638	119,739	12,382	658	212,735	45.6
平成2(1990)	43,559	28,256	167,950	5,832	683	246,280	46.8
7(1995)	34,643	22,480	178,775	2,268	295	238,461	43.1
12(2000)	21,800	15,194	168,198	1,113	80	206,385	39.7
17(2005)	12,288	5,509	123,787	529	0	142,113	28.8
22(2010)	9,000	3,430	102,037	271	0	114,738	22.8
25(2013)	8,882	2,880	101,973	450	0	114,185	21.6
26(2014)	8,439	2,660	104,456	437	0	115,992	21.6

資料：（一社）日本食肉加工協会・日本ハムソーセージ工業協同組合「平成26年食肉・食肉加工品に関する統計」

注　：1．格付数量には、熟成ハム、ベーコン、ソーセージを含む。
2．ベーコン類には、ロースベーコン、ショルダーベーコンを含む。
3．ハム類には、ショルダーハム、ベリーハムを含む。
4．ソーセージ類には、加圧加熱ソーセージ、無塩漬ソーセージを含む。
5．混合製品には、加圧加熱混合ソーセージを含む。
6．格付率は、総生産量に対する割合。

図表2-9 熟成ハム類等のJAS格付数量の推移

（単位：ｔ）

年	熟成ハム類	熟成ベーコン類	熟成ソーセージ類	合　計	対前年比(%)
平成8(1996)	892	422	2,427	3,741	
9(1997)	1,581	775	5,824	8,180	218.7
10(1998)	1,389	570	11,623	13,582	166
12(2000)	1,257	553	20,225	22,035	102.1
17(2005)	1,279	665	20,164	22,108	95.1
22(2010)	1,387	483	24,051	25,921	112.0
24(2012)	1,655	602	26,669	28,926	133.8
25(2013)	1,980	620	26,221	28,821	100.4
26(2014)	2,213	658	22,283	25,154	87.3

資料：日本ハム・ソーセージ工業協同組合　「年次食肉加工品生産数量」
注　：熟成ハム類の格付は、平成８年４月より実施。

ともに食肉加工業も発展し、原料不足となり、原料として豚肉のほかに羊肉や馬肉等も使用された。また、昭和36年に「畜産物の価格安定等に関する法律」が制定され、豚価の安定や輸入牛肉の割当てなどが実施された。

昭和40年代に食肉需給量は100万tを超え、平成7（1995）年の560万tまで順調に増加した。その後やや減少したが、12年には560万tに回復し、18年の518万tまで減少傾向となった。

食肉加工用仕向肉量は、昭和40年11・3万t（正肉ベース）から、平成7年51・5万tに増加し、以降減少傾向となり、25年には44・3万tとなった。

加工仕向肉を種類別にみると、もっとも割合が高いのは豚肉であることは今も昔も変わっていない。一方、豚肉以外の食肉の仕向肉量は大きな特徴がある。牛肉は、平成7年まで順次増加し、以降減少した。馬肉、めん山羊肉は減少した。鶏肉は昭和60年から順次増加し、平成12年には約5万tとなり、加工原料肉としてのシェアは2番目となった（図表2―10、図表2―11）。

平成25年の食肉供給量554万tのうち、加工仕向肉量は44・3万tとなっている。加工仕向割合がもっとも高いのは豚肉であり、ほかの肉種は数％である。豚肉の自給率は最近5カ年で2ポイント増加しているが、国内生産量が微増したのに対して、輸入量が大きく減少したことによるものである。

加工仕向肉量44・3万tのうち、国産は約30％、輸入が約70％である。もっとも原料肉割合の高い豚肉の国産割合は約22％、輸入は78％である。平

図表2-10 食肉需給量と食肉加工用仕向肉量

（単位：ｔ、％）

年	食肉需給量	食肉加工用仕向肉量（正肉）						
		牛肉	豚肉	馬肉	めん山羊肉	鶏肉	計	対前年比
明治27(1894)	28,704							
大正5(1916)	76,849							
10(1921)	102,774							
昭和元(1926)	109,842							
5(1930)	107,431							
10(1935)	145,445							
15(1940)	156,169							
20(1945)	22,233							
25(1950)	148,895							
30(1955)	244,084							
35(1960)	430,064							
40(1965)	997,691	7,901	41,635	17,961	45,185		112,682	89
45(1970)	1,868,243	7,520	88,970	30,520	71,040		198,050	111
50(1975)	2,725,874	7,385	140,498	35,330	74,357		258,101	108
55(1980)	3,661,102	11,746	260,331	35,011	54,192		361,280	101
60(1985)	4,257,866	18,118	302,407	18,858	36,365	26,667	402,415	105
平成2(1990)	4,969,837	24,777	381,868	9,375	26,891	36,643	479,554	97
7(1995)	5,632,185	26,729	409,800	7,530	19,175	51,610	514,844	101
12(2000)	5,605,904	21,623	408,722	3,079	7,653	51,619	492,696	102
17(2005)	5,422,855	12,820	407,063	2,194	1,431	41,009	464,517	96
22(2010)	5,469,190	11,708	373,137	1,000	870	46,809	433,524	102
25(2013)	5,543,277	14,961	377,394	542	409	49,802	443,108	108

資料：（国内生産量）明治27年～40年まで農林水産省調査で牛肉、豚肉、馬肉のみの合計、大正５年～昭和30年まで農林水産省「累年統計表」より牛肉、豚肉、馬肉、めん山羊肉の合計、昭和40年以降農林水産省「食肉流通統計」より累年統計表に鶏肉を加えたもの、日本ハム・ソーセージ工業協同組合「年次食肉加工品生産数量」

(輸入量）大正10年まで農林水産省「第一次畜産提要」、昭和25年まで農林水産省「肉類輸入検疫数量」、昭和30年以降大蔵省「日本貿易月表」

(仕向量）農林水産省「食肉加工品生産量調査」

注　：食肉需給量＝国内生産量＋輸入量－輸出量。

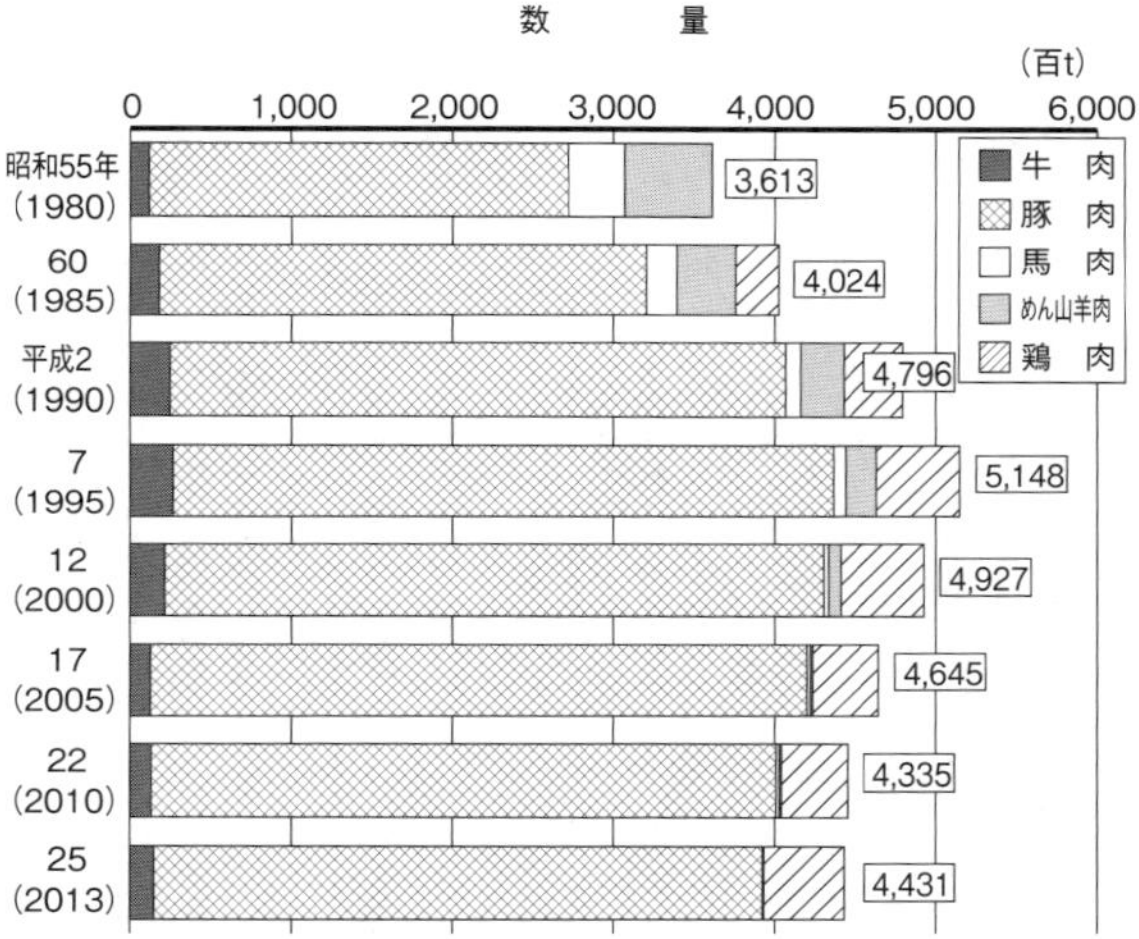

飼料：農林水産省「食肉加工品生産量調査」

図表2-11 食肉加工用原料肉の使用状況

成9年の国産割合は31％であったので、9ポイントも低下したことになる。豚肉に次ぐ鶏肉は、国産割合が約92％、輸入が約8％と唯一国産割合が高い。牛肉、馬肉・羊肉は、大半を輸入に頼っている状態である（図表2―12）。

このように、加工原料肉の大半を輸入に依存する理由は、第一に原料価格の違いであるが、加工原料肉としての品質が安定している、均一したサイズが大量に揃う、このことにより作業効率が良いという面もある。しかし、輸入依存が高いことはいくつかのリスクも抱えている。輸入先国は、家畜の疾病に関する法律によって限定され、口蹄疫等の疾病が発生するとただちに輸入がストップする。また、国内生産保護のための関税制度により、かならずしも安定して安価に輸入できるとはかぎらない。

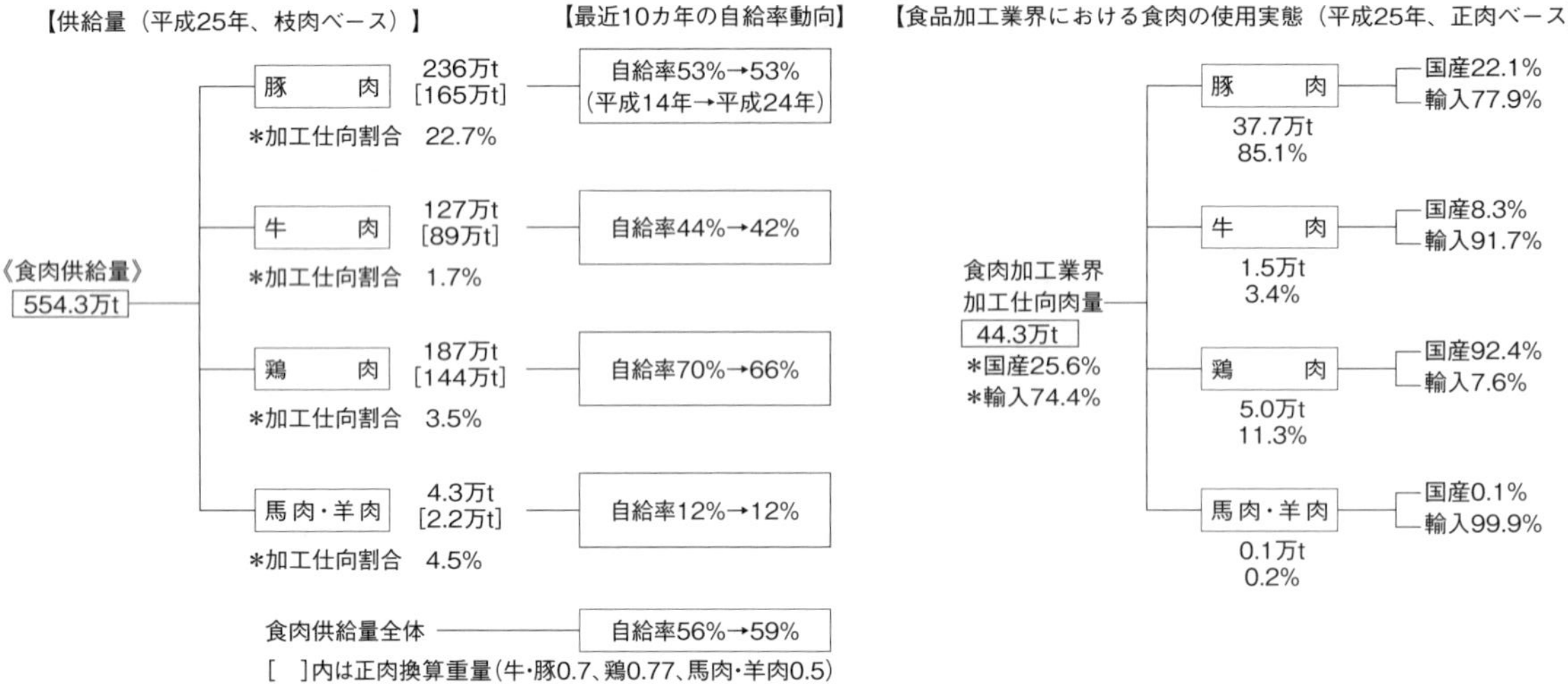

資料：農林水産省「食肉関係資料」、日本ハム・ソーセージ工業協同組合「年次食肉加工品生産数量」

図表2-12 原料肉から見た食肉加工業界の現状

5　食肉加工品の輸出入動向

明治から大正にかけてはハムの輸出入が活発に行われた。明治16（1883）年にハムが初めて輸入され、35年には65ｔに達した。しかし、39年に関税が改正されたのを機に減少し始めたが、第一次世界大戦や関東大震災等により増加し、大正から昭和30年頃までにかけての輸入は20ｔから30ｔの間で推移した（図表2―13）。

当時食肉加工品の輸入は、輸入割当制度となっており、ホテル用などの特殊需要用としてきわめて少量が輸入されるのみであったが、政府の物価対策により、昭和44（1969）年から国内生産量の2％程度までは枠が拡大された。さらに、46年にソーセージ類が、47年にはハム・ベーコン類

図表2-13 ハム・ベーコン、ソーセージ類の輸入・輸出数量

（単位：ｔ）

年	輸入			輸出		
	ハム・ベーコン	ソーセージ類	合計	ハム・ベーコン	ソーセージ類	合計
明治16(1883)	12		12			
35(1902)	65		65			
大正元(1912)	23		23			
5(1916)	12		12	78		78
10(1921)	11	3	14			
昭和元(1926)	11	2	13	40		40
5(1930)	14	5	19	30	1	31
10(1935)	12	9	21	16	3	19
30(1955)	33	4	37	2	189	191
35(1960)	103	7	110	1	234	235
40(1965)	24	57	81	34	12	47
45(1970)	160	236	396	94	714	808
50(1975)	2,126	1,117	3,243	0	1	1
55(1980)	271	1,705	1,976	1	1	1
60(1985)	186	1,225	1,411	6	30	36
平成2(1990)	300	4,434	4,734	1	12	13
7(1995)	380	7,005	7,385	36	11	47
12(2000)	1,529	18,683	20,212	1	5	6
17(2005)	1,689	33,690	35,379	0	6	6
22(2010)	1,863	43,347	45,210	0	30	30
25(2015)	2,975	47,692	50,667	0	25	25

資料：昭和12年まで「食肉加工百年史」より、昭和30年以降財務省「貿易統計」、日本ハム・ソーセージ工業協同組合「年次食肉加工品生産数量」

注　：ハムおよびベーコンには、昭和51年よりその他の豚肉を含む。

が自由化され、45年合計396tから50年には3243tと大幅に増加した。その後やや減少したが、平成7（1995）年には7385t、17年には3万5000t、22年には4万5000tにまで増加し、25年には5万tに達した。この大半はソーセージ類である。この背景には、関税の引き下げも大きな影響力があったと考えられる。

ソーセージ類の平成12年までの輸入割合は数%であったが、17年には10%を超え、25年には15・2%に達し、ソーセージの供給構造に占める位置づけも無視できなくなってきた。輸入ソーセージ類は主に業務用向けであり、今後も年々増加すると推測される。ハム・ベーコン類の輸入量は、国内生産量に対しても7年0・6%、25年で約1・5%程度であるが、年々増加傾向にあり、骨付きハム、生ハムなどのブランド品を中心に、ソーセージ類同様今後も増加すると推測される。

輸入先国はここ数年で大きく変化した。ハム・ベーコン類では、平成18年にはアメリカが35%であったのに対して、25年にはアメリカ、中国が減少し、イタリア、タイが増加した。品目までは明確でないが、アメリカはベーコン、イタリア、中国はブランドものの骨付きハムや生ハムであろうと推測される。ソーセージ類では、8年にはハム・ベーコン類同様アメリカが過半数を占めていたが、18年には中国がアメリカに替わり過半数を占めた。25年には、中国が減少しアメリカが増加、そしてタイが大きく増加し、約21%を占めた（図表2―14）。これは、輸出入価格の違い、輸出国での豚の疾病の発生状況や加工品製造技術の向上、国内需要の一部に本物嗜好が増えたなどによるものと考えられる。

このように、食肉加工品の輸入量は年々増加しており、主に外食やホテル、レストラン向けに流通していると思われる。

6 食肉加工品の価格動向

明治から昭和の初め頃の食肉加工品は、骨付きハムとベーコンが主流で、ソーセージは大正に入ってから製造されている。明治45（1912）年頃の卸売価格は骨付きハムとベーコン

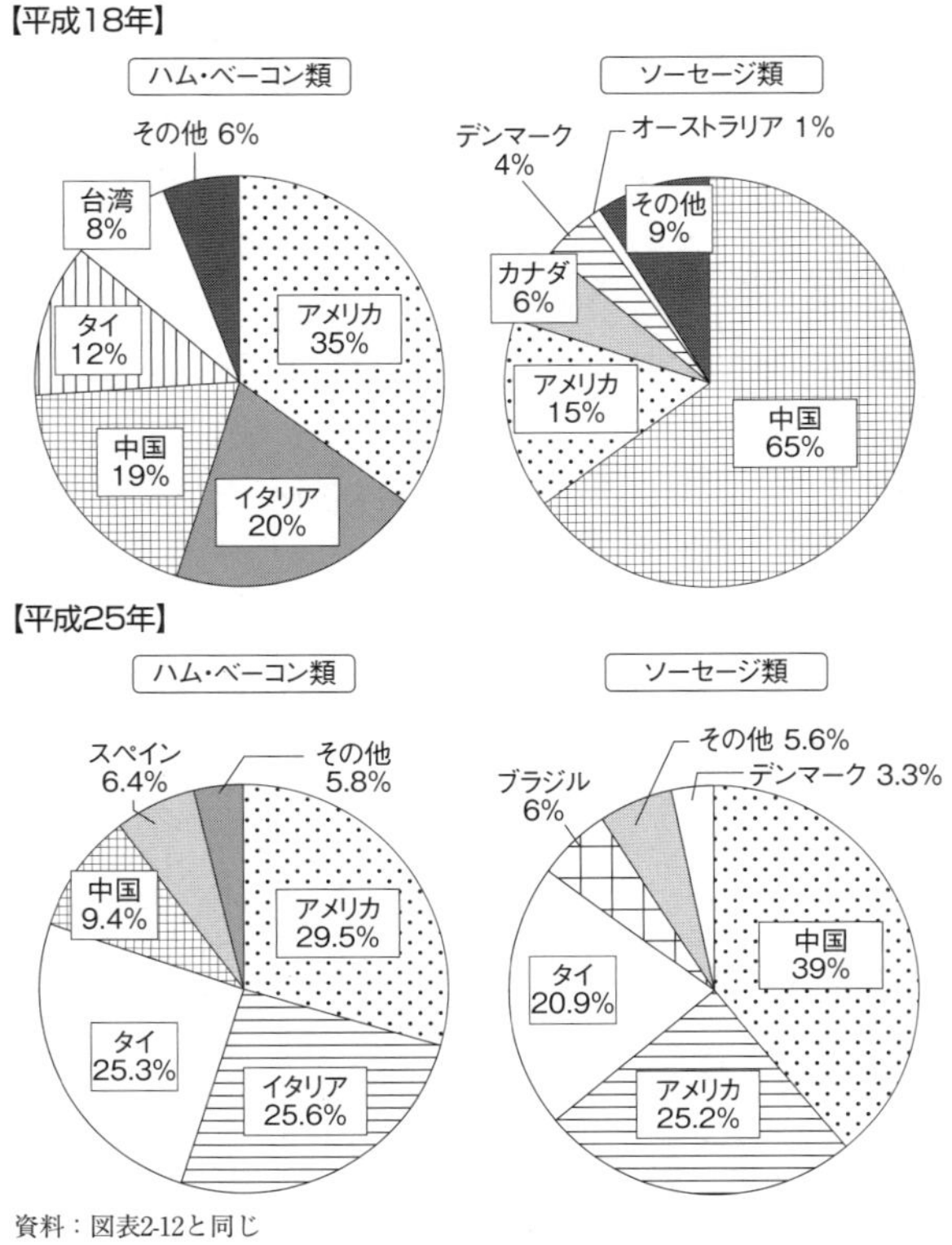

資料：図表2-12と同じ

図表2-14 国別輸入割合

とも同じ100g当たり4・3銭で、この当時は一部の階級だけで消費されていた。

昭和に入り、食肉加工品は統制価格や公正価格の時代が続いたが、昭和24（1949）年にこれらの価格が廃止され自由に販売できるようになった。30年頃の小売価格をみると、ロースハムが100g当たり92円、ベーコンが76円、ウインナーソーセージが76円であった。この価格を現在の価格と比べると、ロースハムが2・6倍、ベーコンが3・1倍、ウインナーが2・4倍となっている。

食肉加工品の小売価格の推移は、平成21（2009）年7月から基本銘柄が改正されたので一概に比較は難しいが、品目により傾向が異なる。ロースハムは、両地域とも17年をピークに以降価格が安くなる傾向にあり、東京都区内では7年と比較すると25年は約62円、大阪市では76円も安くなっている（図表2―15、図表2―16）。

ベーコンは、ロースハム同様平成17年がもっとも高かったが、東京都区内ではここ数年は横ばいであり、7年とほぼ同じ価格となっている。

ウインナーソーセージは、両地域とも180円後半から190円台と大きな変化はない。

また、ロースハムとベーコンの価格を比較すると、平成17年までロースハム方が40～50円高かったが、22年以降はほぼ同じ価格となっている。これは銘柄改正によるところが大きいと思われる。

7　食肉加工品の消費動向

明治終わり頃の消費量は一人当たり1・5g程度で、一部の階級で消費されていた。一般の人が食べたのは明治33（1900）年に大船駅で売り

図表2-15 食肉加工品の小売価格の推移（東京都区部・大阪市）

（単位：kg当たり円）

年	ロースハム		ベーコン		ウインナーソーセージ	
	東京都区内	大阪市	東京都区内	大阪市	東京都区内	大阪市
平成7(1995)	283	292	227	240	188	190
12(2000)	276	277	235	234	189	188
17(2005)	291	305	269	248	192	197
22(2010)	239	231	234	227	194	191
24(2012)	225	228	226	227	188	187
25(2013)	221	216	227	224	192	196

資料：総務省「小売物価統計調査」
注　：1．ハムおよびベーコンは、平成21年7月から基本銘柄改正。
　　：2．平成22年次平均は概数。

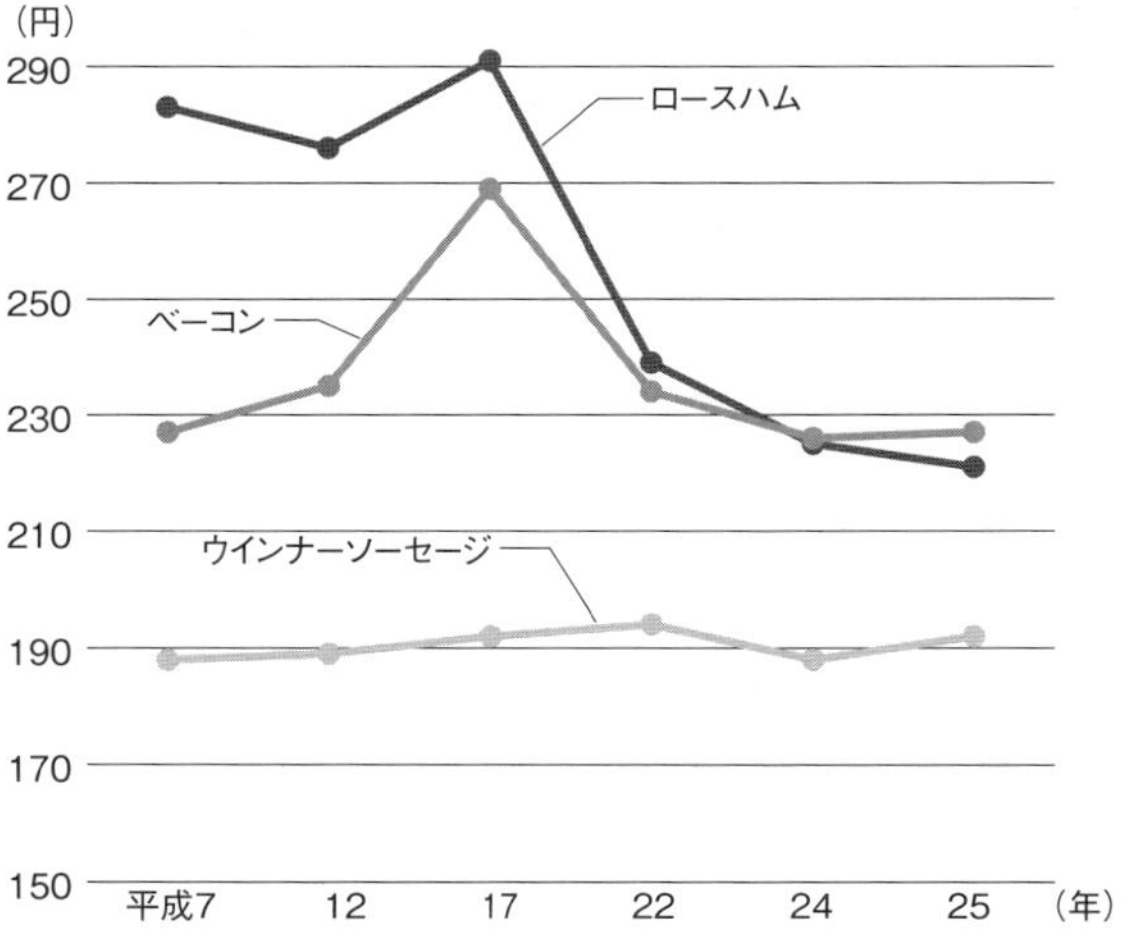

資料：総務省「小売物価統計調査」
注　：1．ハムおよびベーコンは、平成21年7月から基本銘柄改正。
　　：2．平成22年次平均は概数。

図表2-16 食肉加工品の小売価格の推移（東京都区部）

出された大船軒の「ハムサンド」であった。

大正から昭和の初め頃までも一人当たり消費量は50ｇ前後で、第二次世界大戦の勃発による配給制度でさらに消費量は減少した。

昭和25（１９５０）年になると学校給食が開始され、さらに所得の向上、冷蔵庫の普及、パン食の普及等により食肉加工品の消費量も大幅に増加し始め、40年の消費量は一人当たり１・１kgとなり、55年には３・５kgとなった。

昭和55年以降の品目別購入数量（年間一世帯あたり）を総務省の「家計調査」でみると、ハムは年々減少傾向にあり、55年４６３３ｇから平成25年には３０１６ｇとなった。ベーコンは7年まで増加傾向にあり、その後増減があったものの、25年には１４７４ｇとなった。ソーセージは16年まで増加傾向にあり、17年は若干減少したものの、25年には５５３５ｇとなった（図表2―17）。

購入数量合計では、昭和55年から平成12年まで９５００ｇ前後で大きな変化はなかったが、17年には大幅に減少した。これは、先に示した小売価格のもっとも高い時期とほぼ一致しており、小売価格高騰は消費量に大きく影響することがうかがえる。その後の購入数量は大幅に伸び、25年には初めて10kg台となった。

品目別購入数量は、昭和年代はハム・ソーセージ・ベーコンの順に多かったが、平成に入りハムとソーセージが逆転し、ソーセージがハムの１・８倍購入されている。

図表2-17 食肉加工品の購入数量および支出金額の推移

（年間１世帯当たり）

品　名	年	全国全世帯		
		購入数量(g)	対前年比(%)	支出金額(円)
ハ　　ム	昭和55(1980)	4,633	101.5	8,872
	60(1985)	4,137	97.3	8,985
	平成2(1990)	3,696	95.8	8,672
	7(1995)	3,507	102.7	7,615
	12(2000)	3,254	92.8	6,928
	17(2005)	3,026	98.3	5,877
	22(2010)	3,037	101.6	5,662
	25(2013)	3,016	98.3	5,649
ベーコン	昭和55(1980)	1,117	112.7	1,903
	60(1985)	1,367	104.3	2,477
	平成2(1990)	1,338	97.9	2,392
	7(1995)	1,370	106.4	2,355
	12(2000)	1,310	92.0	2,251
	17(2005)	1,282	103.2	2,162
	22(2010)	1,382	100.5	2,281
	25(2013)	1,474	99.7	2,419
ソーセージ	昭和55(1980)	3,660	112.0	4,722
	60(1985)	3,961	105.5	5,524
	平成2(1990)	4,432	111.9	6,651
	7(1995)	4,814	108.7	6,760
	12(2000)	4,968	103.2	6,806
	17(2005)	4,863	97.2	6,341
	22(2010)	5,439	102.1	7,082
	25(2013)	5,535	101.2	7,224
合　　計	昭和55(1980)	9,410	106.7	15,497
	60(1985)	9,465	100.6	16,986
	平成2(1990)	9,466	100.0	17,715
	7(1995)	9,691	103.0	16,730
	12(2000)	9,532	97.8	15,985
	17(2005)	9,171	98.4	14,380
	22(2010)	9,858	101.7	15,025
	25(2013)	10,025	100.1	15,292

資料：総務省「家計調査」

8　食肉加工品の流通と六次産業

(1) 流通概要

食肉加工品の流通形態は、食肉に比べると比較的シンプルである。流通パターンは大きく分けると、工場から自社営業所を通して量販店、業務筋および小売店への卸売、そして直営店（店舗）での小売の2つである。前者は比較的大手企業のパターンで、営業マンがスーパーマーケットや食肉専門小売店等に配達するものである。後者は、主として中小規模企業のパターンで、いわゆる製造直売である。ヨーロッパの食肉店と同じように、加工工場に店舗が併設されており、販売形式は量り売りを取っているところが多い。また、製造直売だけでは販売量に限界があるため、近年では、インターネットによる販売も増加している。

(2) 六次産業

一般的な食肉加工品の流通は前述したとおりであるが、近年その経営主体が大きく変わりつつある。一般にいう「ハム会社」は、原料肉を仕入れ製造販売を行っている。これに対し、これまでもなかったわけではないが、農家（農企業）や農協等が経営主体となり、豚の生産から食肉加工品の製造販売まで行う形態が増加している。農林水産省が行う「六次産業化総合調査報告」によると、畜産加工食品のうち、肉製品の販売金額では、平成22（2010）年388億円から24年には765億円と2年の間に約2倍となっている。先に示した食肉加工品の生産量や消費量にはこの数値はほとんど反映されていないが、六次産業による食肉加工品生産増の傾向は今後も続くものと推測される。

この動きは、消費者の「作った人の顔が見える」などの安心・安全への関心の高まり、農林水産省を中心とした六次産業化への助成制度等が大きな追い風となっている。

実際に、養豚農家が食肉加工場および併設店舗を建て加工機械を揃えて開業しているケースは数多くあるが、今後六次産業化を目指す場合は、次の点に配慮する必要がある。

1）加工品の製造知識・技術を基本から学ぶ。

2）製品の販売方法や販売先等を可能なかぎり計画する。

3）営業許可に必要な「食品衛生管理者」有資格者を確保する。

参考資料

「現代日本産業発達史「食品」」現代産業発達史研究会（1967年）

「食肉加工百年史」（一社）食肉加工協会・日本ハム・ソーセージ工業協同組合（1970年）

川辺長次郎編「食肉史年表」食肉通信社（1980年）

「昭和の食品産業史」日本食糧新聞社（1990年）

「食肉関係資料」農林水産省

「日本食肉加工情報」（一社）日本食肉加工協会・日本ハム・ソーセージ工業協同組合

「食肉の科学」VOL47 No.1（2006年）、VOL48 No.1（2007年）日本食肉研究会

「（平成25年）食肉・食肉加工品に関する統計」（一社）日本食肉加工協会・日本ハム・ソーセージ工業協同組合

「六次産業化総合調査報告」農林水産省

三、製法と原料肉・食肉加工機械の変遷

1 製法の習得

わが国における食肉加工品の製造は、外国人が日本で開業したか、その外国人の製造法を日本人が習得したかのいずれかである。記録としてあるものは、前述したように明治5（1882）年に片岡伊右衛門が製造を開始したとされているものである。また、7年にイギリス人ウイリアム・カーティスが鎌倉近辺（神奈川県戸塚）でホテルを営業しながらハムを製造し、これを日本人の斎藤万平や益田直蔵らが製法を会得して販売した。

当時は、ハムとベーコンしかなく、ソーセージ類は大正に入ってからで、飯田吉英がドイツ式のソーセージ製法を広く一般に公開したのがはじめといわれている。大正時代に入り多くの外国人が来日し、食肉加工技術を日本人に伝授した。大正末期には2万t以上生産された。

2 草創期の製造と設備

明治から大正にかけての製造は気温の低い時期にのみ行われ、技術を習得すれば比較的簡単な設備や器具で足りたので小資本で創業ができたが、品質的には、国産は輸入品に比べて悪く、さらに高値であった。その品質の悪さとは、①肉質が不ぞろい、②型がバラバラ、③不良品があった、④整形が不完全、⑤くん煙が不均一等で、①～③までは当時の豚肉そのものにも原因があった。

大正後半に入り、富岡商会が冷凍機を備えて年間を通して製造したり、東洋製罐がドイツ人のカール・レイモンを雇い入れて、塩漬、くん煙、冷蔵による製品を始めたりした。製造機械のチョッパーやカッターなどがわが国に輸入されて活気づいた時代でもあった。

3 原料肉の豚肉

食肉加工品の原料の大半は、昔も今も豚肉であることには変わりはない。この間、豚肉の品種改良や肉質改善は、製造技術の進歩と製品の品質向上に大きく貢献した。明治30年代の業界の基礎が固まってきた当時は、豚肉の品質は悪く、どうしても製品自体は輸入物に依存しなくてはならなかった。第一次、第二次世界大戦においては、わが国の豚の飼育頭数が大幅に減少し、食肉加工品の生産は一時減少したがその後順調に回復した。

大量生産体制に入るには、原料豚肉の確保が業界にとって第一の課題となり、昭和30年代には豚肉の確保は大変なために豚肉の代替として、マトンや馬肉の加工への応用、家禽肉や魚肉を利用する技術が開発された。そのうえで国産豚肉とともに輸入されてきた豚肉を、いかに加工用にするか検討された。今では原料豚肉の半分以上がピックルインジェクション適性、機械の適合性、価格等で輸入豚肉が使用されている。また、輸入豚肉は大半が凍結されてくるので、品質にいかに影響を与えないで解凍するかが研究され、一般に実施されている冷蔵庫や冷水による解凍のほかに、マイクロ波や高周波等の電磁波、加圧空気、真空等を利用した解凍機械も利用されて大量生産体制に対応できるようになった。

4　製造技術の進歩と加工機械

食肉加工の製造技術の進歩は、欧米からの加工機械輸入や国内メーカーの加工機械開発によるところが大きかった。工程ごとの主な変遷は次の通りである。

(1)　塩漬工程

塩漬は、塩漬剤（食塩と発色剤）を原料肉にまぶして一定期間低温で保持し熟成させる。食塩と発色剤は、①保存性、②発色（肉色の固定）、③保水性・結着性、④組織、⑤風味を高める等の作用がある。

ハムの場合、冷蔵庫で肉1kg当たり5〜7日間漬け込み、その間に上・下を入れ替えたりして大変な手間をかけ、この間に腐敗して失敗する場合も生じていた。

昭和30（1955）年に、亜硝酸塩の使用が認められて、わが国の食肉加工品も欧米並みに塩漬が行われるようになった。そのうえ生産量の増加にともない、生産体制も大量生産に入り、塩漬期間の短縮に取り組んだ。すなわち、従前の乾塩漬法や湿塩漬法のほかに、塩漬剤を水に溶かした液（ピックル液）を直接原料肉に注入する方法が採用されて、ピックル液を肉中に均一そして一定量を注入するための、多くの針がついたピックルインジェクターという機械が導入された。この機械は針が肉の中に入ると同時にピックル液が注入される方式であり、今では一般的に行われている。

さらにピックル液を注入した肉を早く肉中全体

に広く均一に浸透させるために、回転する筒の中で撹拌させるロータリーマッサージャーまたはタンブリングマシンが導入され、1~2日間で塩漬が完了することができるようになった。これにより、とくにベーコンやボンレスハムの脂肪層間の赤肉の発色不良が改善された。

⑵ 充填工程

生産量の少ない時代のケーシングなどへの充填工程は、多くの手間がかけられていた。ロースハムの場合、セロファンで一度巻いてから木綿等の布で巻き、さらに綿糸で巻き締めていた。プレスハムでは、練り肉をセロファンで筒状のケーシングに充填し、リティーナー（型）に固く詰め込むという方法がとられていた。

また、ウインナーやフランクフルトソーセージは、工場で処理した羊腸や豚腸に充填するのが主流であった。これらの方法は製品の両端を一本一本どうしても結ばなくてはならず、多くの人手を要した。この結さつ方法の改善が大量生産体制には必要不可欠であり、その技術として充填機の導入と人工ケーシングの導入による人手不足解消とコストの引き下げを図った。ロースハム、ボンレスハム用としては人工ケーシングのセルロース系ケーシング、充填にはフィーラーという機械を導入した。プレスハム、チョップドハムには強度の強いセルロース系ケーシングに切り換えてリティーナーを使用しなくなった。

とくに改善されたのがソーセージ類であり、天然腸のパイプド化、人工ケーシングと自動充填結さつ機の導入であった。自動充填結さつ機により、天然腸をパイプにシュリンクさせたパイプド羊腸あるいは豚腸をセットし、大量生産を可能にしたのである。もう一方は、人工ケーシングを導入してスキンレスタイプソーセージとして小径のセルロース系ケーシングを用い、アメリカ製の機械「フランクエイマチック」（商品名）の導入により大量生産ができるようになった。また、この機械を一部に用いて、原料のエマルジョン化から包装までの全工程を、一ラインで人手がほとんどいらないものまで設置できるようになった。

最近ではケーシングを使用しないで全製造ラインを設備した、コ・エクストルーダータイプの製品も多く出回っている。

⑶ 乾燥、くん煙、湯煮、冷却工程

乾燥の目的は、次工程のくん煙のために、製品表面の水分過剰をなくし、煙の成分が製品の中に十分に入るよう、煙による表面のしま模様を生じさせないために行う。

くん煙は、①保存性、②風味、③色と光沢を高める、④発色促進、⑤脂質酸化の抑制等の作用があり、その温度により、冷くん法、熟くん法、焙くん法などがある。

湯煮は、製品中のたん白質の変性と殺菌等、冷却は組織の引き締めと殺菌効果をより高めるなどの目的で行われる。

従前はそれぞれの工程ごとに機械・設備が設置され、乾燥、くん煙は直火型くん煙室、湯煮はボイル槽、冷却は冷却槽等それぞれ設備されていた。

とくにくん煙室は、室の下部で煙を発生させ、上部につり下げた製品をくん煙していた。全自動くん煙室（オートマチックスモークハウス）が導入されて、ボタン一つでこれらの全工程を一つの

室ですべてできるようになり、工程も大幅に改善された。この機械はまず、煙の発生する装置を室の外に設置（スモークジェネレーター）して室内に煙と蒸気を強制的に送風し、短時間にくん煙と湯煮を同時に行って製品にくん煙色と香りをつける。さらに、殺菌を行い、冷却もできるようになった。この機械は温度や湿度を自由にコントロールできるので、製品の種類によって何でもボタン操作でできるようになり、時間も大幅に短縮された。とくにベーコンの製法はこの機械の導入により大幅に変わった。

(4) 包装工程

食肉加工品は、どちらかというと長持ち製品と考えられていたが、今では生鮮食品扱いとなり、いかにして食品衛生法をはじめ、ＪＡＳ法、その他の法規と適合させていかなければならないかに苦心している。食肉加工品の包装形態、包装材、包装機械等により大きく変化したのが、この包装工程である。

食肉加工品販売の大半が食肉専門店となっていた頃は、店内でスライスした製品の計り売りや一本物販売であったため形としては食肉販売の延長であり、メーカーも最終製品包装にあまり労力を使う必要がなかったと推測される。その後食肉と同様、消費者の食肉加工品購入先が量販店やコンビニエンスストアへと移行し、ハム類は少量のスライスパック製品、ソーセージ類は定量販売の要望が高まり、多層フィルムを使用した真空パックやガスパックなど高度な包装技術が開発された。また、各メーカーでは、商品のネーミング、包装資材のデザイン、製品のバンド掛けなど販売時点の商品形態に力を注ぐようになった。

ハム・ベーコン・ソーセージのスライス包装は、ほとんどが深絞りの真空包装であり、ウインナータイプはピロー包装である。場合により、深絞り包装やピロー包装にガスを入れて日持ちさせる包装もある。これらを包装する、全自動の深絞り包装機あるいはピロー包装機が開発され、クリーンルームにおいて包装されている。

このクリーンルームは、衛生対策上この包装工程をそっくり隔離された部屋に入れ、人の出入りや衛生対策を講じたものであり、食肉加工品の包装は非常に衛生的であるといえよう。

近年では、大半のメーカーがＨＡＣＣＰを基礎とした衛生管理を実施しており、原料・資材等の搬入から製品出荷までの各工程の危害を分析し、これまでの製品の最終検査依存から、工程管理による事故発生防止へと変化している。

四、食肉加工品製造の基本

1　食肉加工品製造に携わる者の心得

食肉加工品製造に携わる者は、次にあげるような幅広い製造に関する知識と優れた技術を身につける必要がある。それと同時に、消費者嗜好の変化や食品衛生法や食品表示法などの改正についての情報を常に収集・分析し対応できることも重要である。

なお、食肉加工品を製造販売するためには、「食肉製品製造業」の営業許可を得ることが必要であり、施設設備の整備と「食品衛生管理者」を置くことが必要となる。

ここでは、食肉加工品製造に携わる者が心得るべき項目を述べる。

⑴　安全性

食肉加工品製造に携わる者の心得の第一は「安全」である。この安全には製品に対しての「安全」と、作業者に対する「安全」の2つの意味がある。製品に対しての「安全」とは、「消費者が安心して食べられる製品かどうか」ということである。つまり、家畜の飼育、と畜解体処理、部分肉製造、食肉加工品製造の各工程がそれぞれ衛生的に管理されている作業場（農場）で行われているかどうかということであり、また、食肉加工品製造に携わる者として原料・製造・製品・管理等の知識はもちろんのこと、衛生に関するモラル（手洗い・着衣等の衛生）を一人一人しっかりともたなければならないということである。

もう一つの作業する者の「安全」とは、食肉加工品製造において、ナイフ、カッターのような刃物類のほか、チョッパー、ミキサーなどの機械類を使用することから、一つ誤ると取り返しがつかないような大きな事故につながるので、安全対策を講じなければならないということである。実際に発生した事故の原因を逆にたどっていくと、一般的には物的な原因と人的な原因の両方が関連している場合が多い。これを防ぐためには、日常の機械器具の点検整備（安全点検）および機械器具の知識・正しい取り扱い方法等の教育（安全教育）を徹底しなければならない。

⑵ 均一性

食肉加工品を製造するに当たって、消費者には「いつもの商品をいつもの味、いつもの形で提供する」、つまり、「均一性」のある製品をいつでも製造できなければならない。そのためには同じレシピで何回製造しても同じ製品ができる一定以上の技術力と経験が必要となってくる。

⑶ 原価意識

原料肉の仕入れ、原料処理の段階から、常に用途を考え、無駄が出ないように加工するのが肝要である。また、できるかぎり製品に付加価値をつけて販売し、自分が製造した製品の原価はいくらになったか、そしてどれくらいの利益を得ることができるのか、といった「原価意識」と販売について常に認識をもつことが大切である。

⑷ 自分が納得できる製品を作る

小規模工場においては、できるかぎり基本に忠実に製造することが肝要であり、自分で試食して「おいしい」と思わなければ消費者に受け入れられない。異種たん白などの結着材料や添加物を大量に使用する方法で製造すると単位当たりの原価は安価に抑えられるが、スーパーなどで販売されている安価な商品と何ら変わらなくなってしまう。販売戦略としても、ある程度のこだわりをもった「自分が納得できる製品」を作ることを常に忘れてはならない。

このことにより原価が上がった場合は、いかに販売するかを考えるべきである。現実的には難しいかもしれないが、原価（売価）を最優先して加工品製造を行うことは避けたいものである。

2 原料処理工程での器具の種類と取扱い

(1) ナイフ

①ナイフの種類

ナイフの種類は、主として枝肉の脱骨に使う「さばきナイフ」、部分肉の整形・すじひきなど原料処理に使う「整形・すじひきナイフ」、ステーキ用の商品づくりなどに使う「平切りナイフ」の3つに大きく分けられる。

②ナイフの持ち方

ナイフの持ち方は、それぞれの作業内容によってさまざまであり、安全性、作業の効率性を考慮すべきである。「さばきナイフ」、「整形・すじひきナイフ」は刃が手前または横にくるように持つのが通常であるが、作業工程によっては刃の向きを反対にして使用する場合もある。

③ナイフの研ぎ方

砥石は大別して、天然砥石と人造（合成）砥石とがある。砥石でナイフを研ぐということは、砥石の硬さと粒子によってナイフを削り、すり減らしながら、ナイフの刃の角度を作り、刃先の鋭さを増していくことである。砥石の種類は用途に応じて次の3種類がある。

・荒砥……ナイフの角度を作るのに使用する。
・中砥……荒砥で研いだナイフの角度に沿って角度が一定になるように刃を整えるために使用する。
・仕上砥……中砥で整えたナイフの角度と刃の面の仕上げに使用する。

ナイフを研ぐときは、まず砥石を平らに修正することが重要である。砥石は、ナイフを研ぐと研ぎ減りで砥石面がくぼんでくるので、ナイフを研ぐ前には別の砥石や床などで平らにする。砥石は、研ぐ15～20分前に水に浸し、研ぎ台にぬれた布を敷いて砥石を安定させて使用する。

ナイフはよく洗浄し、油脂分を完全に取ってから研ぐことが大切である。ナイフを研ぐ順序は、まず刃の表面側は右手でナイフの柄をしっかり握り、左手の指2～3本で研ぎたい部分の刃の上に当て、ナイフの角度を決め（10円玉が入る程度が適当）、砥石の表面に吸い付けるようにして押し付け、押すときに力を入れて研ぐ。このとき、砥石の表面にどろどろしたものが出てくるが、中砥・仕上砥はこれを流さずにためて研ぐとよい。刃の表面を研ぐと、裏面に薄くなった刃先がめくれかえってくるので、これが出てきたかどうか指先で確認し、刃全体にこのめくれが出てきたらナイフを裏返して裏面を研ぐ。このとき、片刃のナイフは砥石の面に合わせて研ぐ。この工程を仕上砥で数回繰り返し、仕上げる。

④棒ヤスリの使い方

棒ヤスリは、ナイフの刃を整え、脂分を取るため使われる。ナイフを使っていると、切れ味が悪くなってくる。これは、刃先に脂が付着するのと、刃先が丸くなるためである。棒ヤスリでのナイフの研ぎ方は、棒ヤスリを横に持ち、刃のついている面の刃の角の上から下に向かって、滑らすように研ぐ。ただし、棒ヤスリを持っている方の手をナイフで切らないように十分注意すること。なお、新しい棒ヤスリは目が粗いものもあるので、砥石や空きびんを使って粗い目をつぶしておくことも必要である。

⑤ナイフの使い方

ナイフの使い方が上達するには、長い経験が必要である。ナイフの使い方のコツは、次のようなことである。なお、ナイフの使い方の良否は、「作業の安全性」、「作業の生産性」、「商品の出来ばえ」に影響を及ぼすため、コツを早く習得することが望ましい。

〔さばきナイフ〕

・軽く握る（力を入れ過ぎない）。
・刃先は浅く、大きく使う（ナイフを必要以上に深く入れない）。
・同じ箇所への使用回数はできるだけ少なくする。

〔整形・すじひきナイフ〕

・整形時はしっかり、すじひき時は軽く握る。

・すじひきは刃先からナイフ全体を使う。
・刃の裏面腹側を部位にはわせ、滑らすように使う。
・使用回数はできるだけ少なくする。

精肉（テーブルミート）の場合は、すじに肉を付けないのが基本であるが、加工用（主にソーセージ）原料に用いる場合、太すじを除いて若干の肉を付けても差し支えない。すじは、コラーゲンが豊富で結着力が高いので、ソーセージの練りプレート原料に用いる。すじひきの基本は、すじの厚いほうから薄いほうへ引くこと、筋肉繊維に沿って引くこと、ナイフは中央付近から先端を使うようにして、すじに刃を当て、ナイフの先を意識してすじをひくことである。

また、すじひきの方法はナイフですじの先端を左手で持てる程度出してから、左手ですじ先端をしっかりと持ち、すじをひく方向と逆方向にひっぱりすじを伸ばし、すじと肉の間にナイフを入れ、すじにナイフの刃を当てながら刃先をまわすようにしてすじをひく方法が一般的である。部位やすじをひく場所によっては、左手ですじを手前に引っ張りながら、ナイフを逆にして刃先をすじに当てながら刃先をまわすようにして、すじをひく方法もある。

〔平切りナイフ〕（太物のソーセージなどを切るとき）
・しっかり握る
・ナイフ全体を使う。
・ナイフを上から押し出すようにして一気に切る。

⑥ナイフの保管

セラミックやステンレス製以外の包丁は、ほとんどハガネが使われている。ハガネ包丁にとって大敵なのはさびである。このさびは空気中に酸素と水分があれば必ず発生するので、ハガネ包丁を使用した後は、よく洗ってから乾いたきれいな布で水気をよく拭き取り、殺菌燈の付いたナイフ保管庫で保管することが必要である。ハガネ以外のステンレスなどの包丁は、さびにくい利点はあるが、水洗後拭き取り、ハガネ包丁と同様に保管することが大切である。

(2) 機器類

ナイフのほかに、原料肉が凍結肉の場合は、次のような機械類を使用するが、刃が直接肉に触れるものがほとんどであり、使用前後の洗浄・消毒を完全に行わなければならない。解凍機については温度管理を正確に行う必要がある。

・**バンドソー**……帯状（バンド）の刃が高速で回転し、枝肉・骨付き肉や凍結肉などを切るのに使用する。

・**フローズンカッター**……凍結肉をフレーク状に切るもので、フレーカーともいわれる。

・**ダイサー**……原料肉をさいころ状に切る。

・**テンダライザー**……数十本～数百本の針により肉の繊維を切る。

・**解凍機**……凍結肉を解凍するのに使用する。

3 製造工程での器具の種類と取扱い

食肉加工に使用する機械器具のなかには、取扱いを間違えると大事故につながるものが多いので、機械の使用目的や取り扱いのポイントを熟知する必要がある。それぞれの機器の機種は、小型から大型まであるが、ここでは小規模工場で使用するものを中心に紹介する。

(1) 塩漬工程

①ピックルインジェクター（注入器）

単身品の塩漬を湿塩法（ピックル法）で行う場合、ピックル液（塩漬液）の均等な浸透、塩漬期間の短縮を目的として、ピックル液を原料肉に注入するのに用いられるのがピックルインジェクターである。形式は手動式の一本針から、注射針が数百本もついている大型の自動のものまでさまざまである（写真4―1、写真4―2）。機械の場合、針（パイプも含む）、コンベアー、圧縮機等で構成されている。原料肉に対して10～15％程度のピックル液（結着材料を含まない）を注入する場合は、10～20本針程度で十分である。注入量の調整は、針の数、注入圧力、ベルトのスピードなどによって行う。

〔**ポイント1**〕針やパイプなど、ピックル液が通過する箇所の衛生管理には十分注意する。

〔**ポイント2**〕自動の場合、針から高圧でピックル液が出る。手指等を刺した場合は命にかかわるので、注入中および清掃中は針の近くには絶対に手を入れないようにすること。

〔**ポイント3**〕手動式を使用する場合は、ピックル液の注入量や均一性に注意する。

②タンブラー

ハム類、ベーコン類の塩漬日数を短縮するため、ピックル液を肉に短時間で均一に浸透させるために用いる。一般的に、ピックル液を注入したものが対象となる。タンブラーは、小型と大型では構造が大きく異なる。大

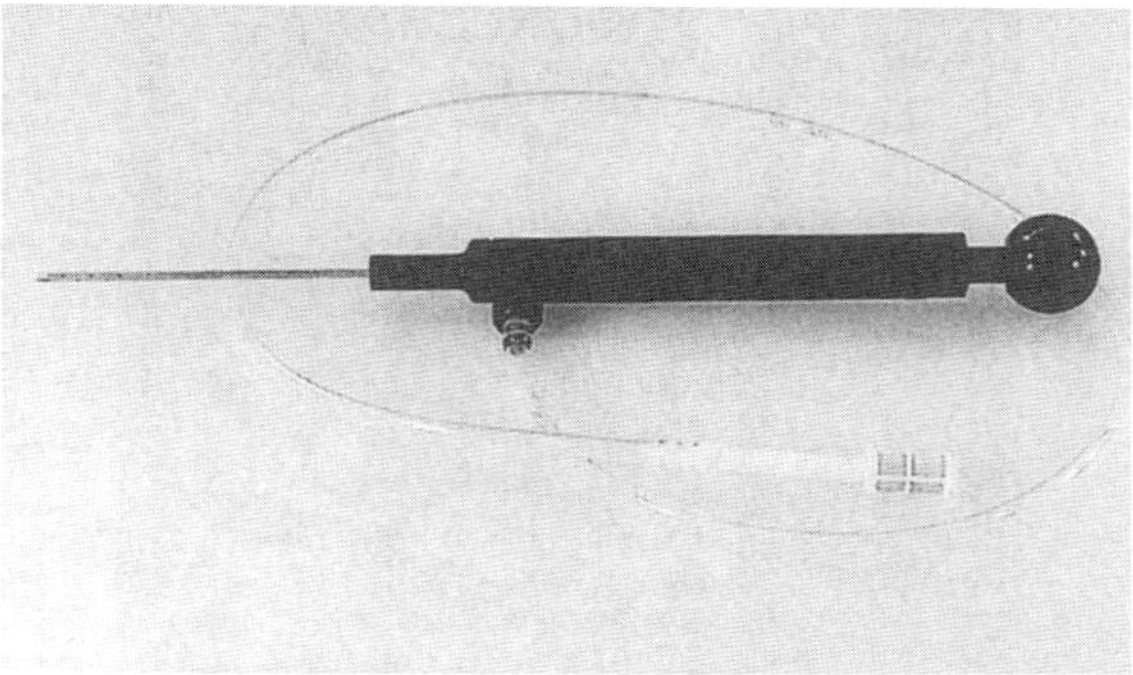

写真4-1 一本針ピックルインジェクター

写真4-2 多針ピックルインジェクター

型のタンブラーは、筒状の内壁に側板（仕切り板）が付いている容器が回転し、肉を落下させながらもみ合わせるような構造となっている（マッサージマシーンともいわれる）。小型の場合は、固定された筒状の容器と、その中心部に回転する撹拌翼（通常1～2本）で構成されており、翼を2本にするとミキサー機能と同様となる機種もある。この場合は、ミキサー&タンブラーと呼ぶ（写真4―3）。タンブリングの効果を上げるため、大きさに関係なく、真空式となっている機種もある。

〔ポイント〕容器、撹拌翼の清掃は徹底的に行う。

③ミキサー

ソーセージやプレスハムなどの塩漬や混合に用いる。詳細は後に示す。

(2) 細切り・混合工程

①チョッパー（肉挽機）

チョッパー（正確にはグラインダーまたはミンサー）とは、肉を細かく挽く機械であり、ソーセージ類の製造には不可欠なものである（写真4―4）。チョッパーの構造は、台皿、内壁にらせん状の溝がついた円筒形の本体、スクリュー、ナイフ、プレートなどで構成されている（写真4―5）。食肉加工品製造に使用されるチョッパーは、3段挽きが多く用いられる。3段挽きとは、3種類のプレートと2枚のナイフを使用し、プレート・ナイフ・プレート・ナイフ・プレートという順に組み合わせたものである。プレートの目（穴の大きさ）は、2～3つの大きな穴があいているものから1～20㎜まであり、用途に合わせて組み合わせを変える。また、軟骨や太すじなど固い部分を取り除く装置（プレート

写真4-3 小型タンブラー＆ミキサー

写真4-4 卓上チョッパー

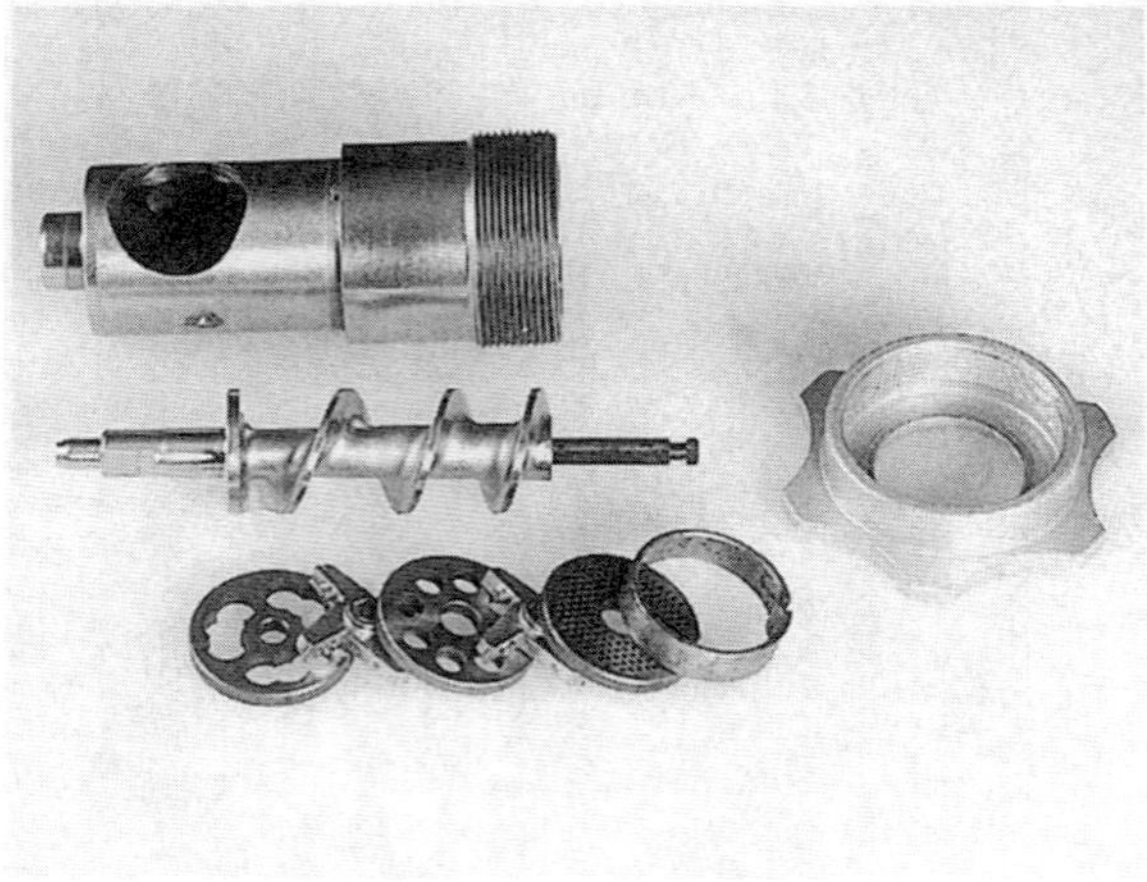

写真4-5 チョッパーの部品

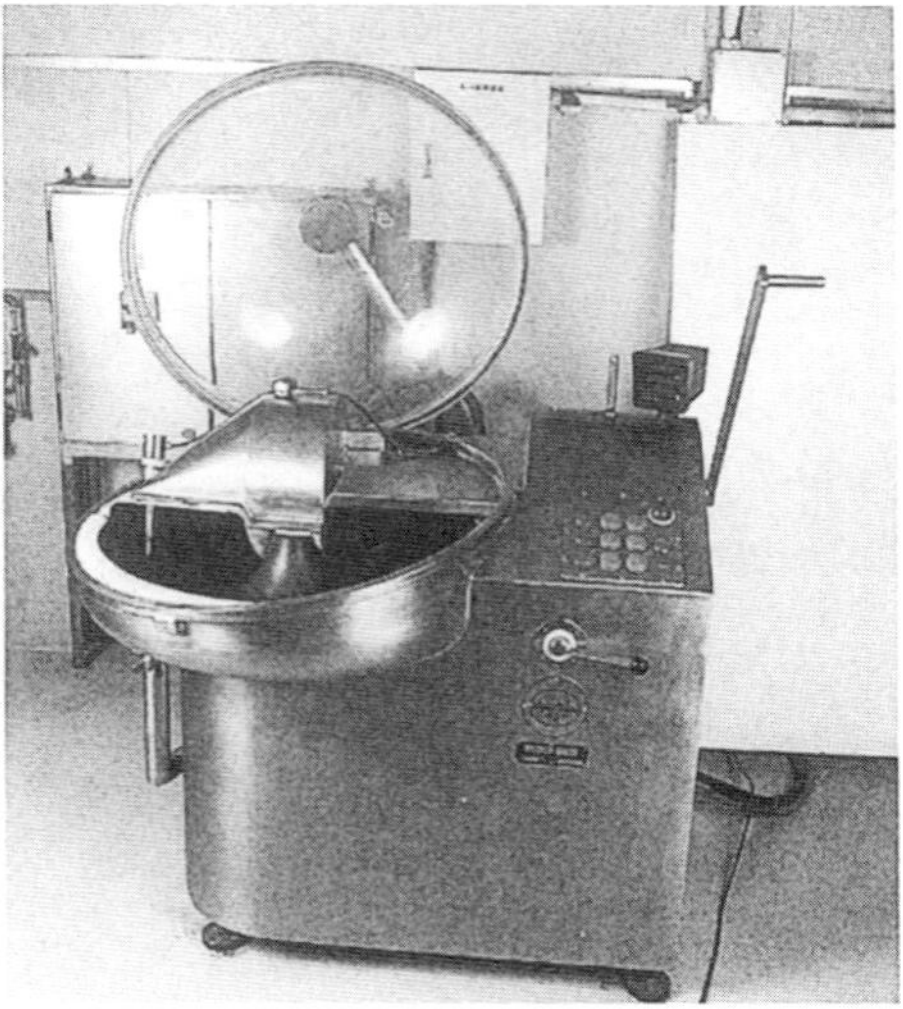

写真4-6 真空装置付カッター

も含む）がついている機種もある。チョッパーは、小型から大型までさまざまで、ローターの回転速度では150～350回転／分、1時間の処理量では20～600kg程度まである。

〔ポイント1〕ナイフとプレートは定期的に研磨し、いつも切れる状態にしておくことが大切である。ナイフなどが切れないと、肉を押しつぶすことにより摩擦熱が発生し、ひき肉の温度が上がり、結着力を低下させてしまう。

〔ポイント2〕チョッパーをセットするときは、それぞれのプレートとナイフを密着させ、回転がスムーズであることを確認し、むだな空回しはしない。

〔ポイント3〕洗浄後はプレートやナイフをよく乾燥させ、さびが付かないように保管する。

〔ポイント4〕肉の投入口には絶対に指や手を入れないようにする。肉を押し込むときは、必ず機械に付属している押し棒などを使用する。

②カッター

カッターはひき肉をさらに細切りしながら結着力を出し、食塩、調味料、添加物等を均一に混和するための機械である。エマルジョンタイプ（練り）ソーセージ製造には、チョッパー同様不可欠な機械である。カッターは、主として回転する皿（ボール）とカッターナイフで構成されている。

大型のカッターには、リフト（肉搬入機）、アンローダー（肉取り出し装置）、真空装置などが装備できる（写真4―6）。カッターの大きさは、皿内部の体積によって表され、20、45、65、G、120Lなどがある。皿の材質はステンレスか鋳物であるが、今はほとんどがステンレス製である。

皿の回転数は小型の場合、ナイフの回転と連動して低速・高速の2段階であるが、45L以上の機種は、刃の回転スピードは3段階程度のものや任意に回転数を選択できるものもある。また、皿は2～3段階のものが多い。

ナイフの使用枚数は機種や製造品目によって異なり、3枚・6枚、4枚・8枚がある。通常、ナイフは一枚一枚別になっているが、2枚のナイフが1枚になっているものもある。ナイフの回転数は、数百回転／分から4000回転／分まであり、遅い回転が可能な機種は、ミキシング（混合）にも使用できる。

〔**ポイント1**〕ナイフは常に研磨し切れる状態にしておくことが大切である。

〔**ポイント2**〕ナイフをセットするときは、作業手袋等で安全を確保し、ナイフと皿の間を1㎜前後とする。

〔**ポイント3**〕ナイフの回転中に、ヘラなどの異物が入ると細切りされ、取り除くのは困難となり、全部廃棄となるので注意する。

〔**ポイント4**〕皿およびナイフの回転軸等のグリス・オイルの補充は定期的に行う。

〔**ポイント5**〕皿が鋳物の場合は、洗浄後よく乾燥させる。

③ミキサー

ソーセージやプレスハムなどの塩漬や混合に用いるほか、あらびきソーセージ用原料肉と添加物、ソーセージプレートと赤肉、プレスハム原料肉とつなぎなどの混合に用いる。

ミキサーは、タンク部分とその中を通る軸（シャフト）および軸についている数枚の撹拌翼で構成されている（写真4―7）。軸の回転は、正転・逆転どちらでも可能で、大型になると、回転数の調整が可能な機種もある。大きさはタンクの容量で表され、軸は小型が1軸、大型が2軸の場合が多い。撹拌翼の形はミキサーの用途に応じてさまざまなタイプがある。また、撹拌中の空気の混入を防ぐために、真空式となっているものもある。

〔ポイント1〕回転中は、回転翼に巻き込まれる可能性があるので、絶対にタンク内に手を入れないこと。

〔ポイント2〕軸および撹拌翼の清掃は、取りはずして行う。

(3) 充填・結さつ工程

①スタッファー

ソーセージやプレスハムの練り肉などをケーシ

写真4-7 小型ミキサー

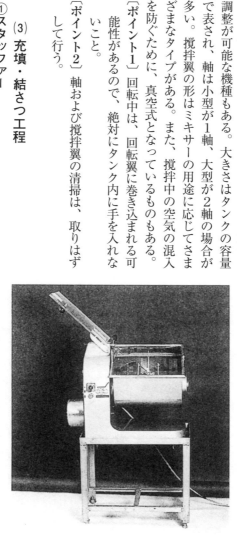

ングに充填するのに用いる機械であり、手動式と動力式がある。動力式では空気圧縮式、油圧式、電動式などがあり、基本的には、原料肉を入れる円筒形のホッパー、ホッパーを上下するシリンダー（パッキン付き）、ケーシングをセットするノズルなどで構成されている（写真4—8）。ウインナーソーセージの場合は、天然腸（羊腸）に充填され、ボロニアソーセージの場合は、人工ケーシング（非透過性）に充填されることが多い。ノズルは、充填するケーシングに合わせて交換して使用する。

スタッファーの当初の使用目的は、充填だけであったが、作業効率を上げるために、充填とひねり（結さつ）を同時に自動でできるもの、練り肉を真空状態にして充填できるもの、一回の充填量を制御できるものなど、多種多様な機能が付属す

写真4-8 卓上油圧スタッファー

るようになっている。

〔**ポイント1**〕機器の特性を熟知し、天然腸のロスを少なくする。

〔**ポイント2**〕使用後のノズル、パッキン類などは、分解して徹底的に清掃を行う。

②単身品充填機（器）

主にハム類の原料肉を人工ケーシング（透過性）に充填するときに使用する。手動式の充填器は「わにぐち」とも呼ばれ、使用する。大型では自動や半自動式の充填機がある（写真4−9）。人工ケーシングとしてはファイブラスケーシングが多く用いられるが、綿素材のネットなども多く使われるようになっている。

〔**ポイント**〕原料肉の大きさにケーシングのサイズを合わせ、適度な固さになるように充填する。

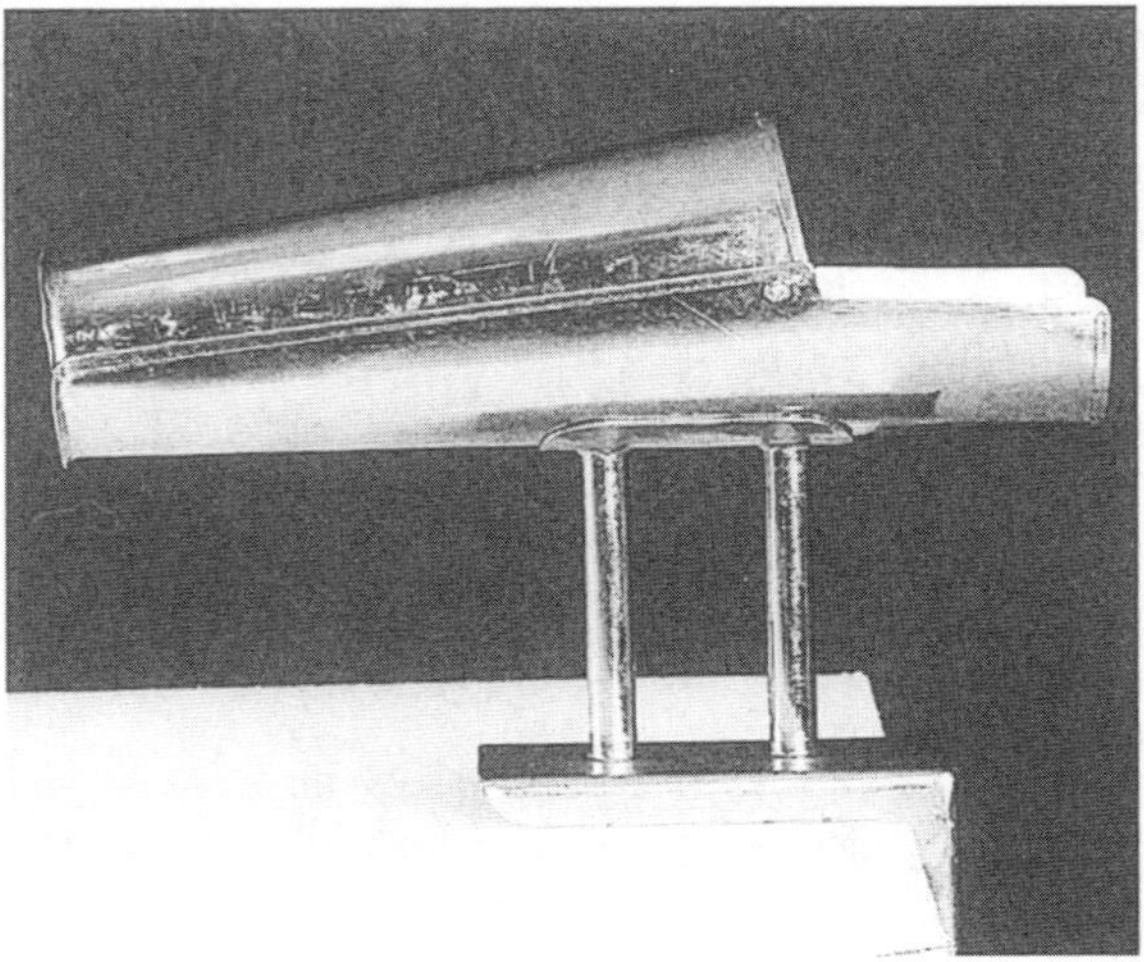

写真4-9 手動式充填器（わにぐち）

③結さつ機

非透過性ケーシングや透過性ケーシング（ファイブラス）の両端（または片側）をアルミなどのクリップで結さつする機械である。ハム類などは、結さつだけでなく、空気圧等を利用してケーシングの端をひっぱり、よく締めてから結さつする機種（プレスタイなど）もある（写真4―10）。ソーセージの場合は、スタッファーと連結して使用する機種もある。

〔ポイント〕空気圧等を利用した結さつ機は、危険をともなうので操作時には十分注意する。

④リティーナー

練り肉やハム類は、天然または人工ケーシングに充填するほか、テリーヌ類や大型のハム類などの製造にはさまざまなリティーナーなどが使用される（写真4―11）。

(4) 加熱・冷却工程

①スモークハウス

スモークは本来、保存性と風味の向上を目的として行われており、スモーク工程は製造工程上重要な位置を占めていたが、法律の改正により、くん煙は任意の工程となっている。しかし、実際に流通している食肉加工品の多くはスモークされたものが多い。スモークハウスは、くん煙する室（チャンバー）と煙発生装置（スモークジェネレーター）で構成されているのが一般的である。

全自動のスモークハウスでは、乾燥、くん煙、ボイル、冷却まで、室温・湿度・ダンパー（吸気・排気）の開閉等をセットした通りに自動的に制御し、ほとんど人手を使わずに加熱・冷却作業

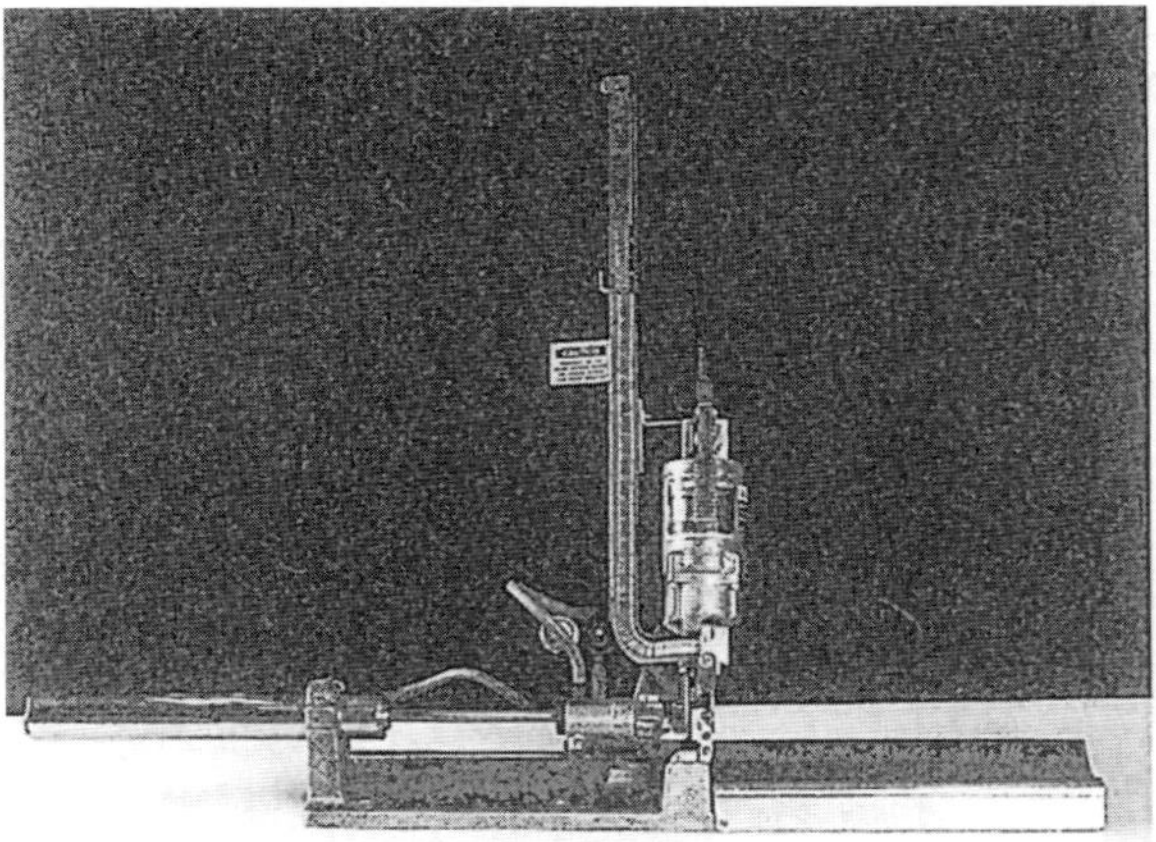

写真4-10 空気圧使用の結さつ機（プレスタイ）

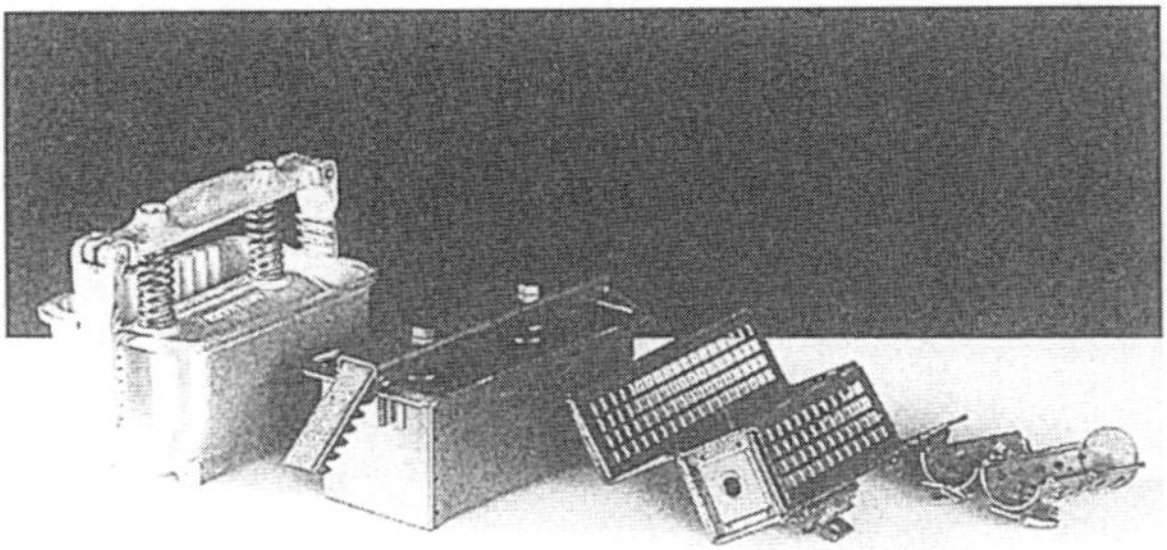

写真4-11 各種リティーナー

をすることができる（写真4—12）。
　手動式のスモークハウスの場合は、工程ごとに、温度・湿度等を設定し、ダンパーの開閉を調整しなければならない。
　くん煙に用いる材料は、煙発生装置の形式によって異なるが、一般的にはチップ、おが屑および原木（一定の太さに製材したもの）などが用いられており、木の種類としては桜が多いようである。スモークに要する時間は、乾燥状態、スモークジェネレーターの方式、くん煙材料などによって大きな差があるので注意を要する。
　スモークハウスには、必ず中心温度計が付いているので、正しくセットして使用する必要がある。また、機種によっては自動的に温度等を記録する装置が付属しているものもあるが、ない場合は、温度記録計を取り付けたほうが良い。

〔ポイント1〕使用する機種の特徴をつかみ、設定時間等を調整する。

〔ポイント2〕全自動を使用する場合は、工程の変更前後に必ず確認を行う。

〔ポイント3〕中心温度計の精度チェックを定期的に行う。

②ボイル槽

　非透過性のケーシングに充填したソーセージや大型のハム類の加熱殺菌、包装後の二次殺菌を行うために使用する（写真4—13）。一般的に、大型のボイル槽は、湯槽に蒸気を入れ、サーモスタット（自動温度調整器）で温度調整ができる装置になっている。

〔ポイント1〕湯槽の水は製品が変わるたびに交換するのが望ましい。

写真4-12 スモークハウスおよび自動温度記録計

写真4-13 ボイル槽

〔ポイント2〕中心温度の確認を必ず行う。

③製氷機

ソーセージ製造や加熱後の冷却に使用するため、製氷機も製造に欠かせない機械である。製氷機もさまざまな機種があるが、カッターの刃の材質に合わせた氷の大きさや温度、製造量に適した氷の製造保管能力を考えるべきである。また、氷の形態や温度はソーセージ製造に大きな影響を与えるので、どのような製品を多く製造するかによって機種を選定すべきである。大小は別にして、クラッシャー（砕氷機）付きの製氷機が便利である。

ソーセージ製造で使用する氷は、そのままプレートに溶け込み、氷に付いた異物は製品のなかに入ってしまうので、製氷機の管理は重要である。

〔ポイント1〕吸水口のストレーナー、製氷装置、貯蔵室等は、定期的に清掃する。

〔ポイント2〕水質は、定期的に点検する。

(5) 包装工程

①ハムスライサー

ハム類やボロニアソーセージ類を一定の厚さにスライスするもので、縦型、横型等さまざまな機種がある（写真4―14）。外国製品では、数本のソーセージを同時にスライスして並べる装置まで付属しているものもある。スライサーはクリーンルームで使用しなければならないが、そうでない場合は衛生管理に十分配慮する必要がある。

〔ポイント1〕使用前の消毒、使用後の洗浄消毒は、徹底的に行う。

〔ポイント2〕洗浄時は刃のカバーをはずすので安全には気をつける。

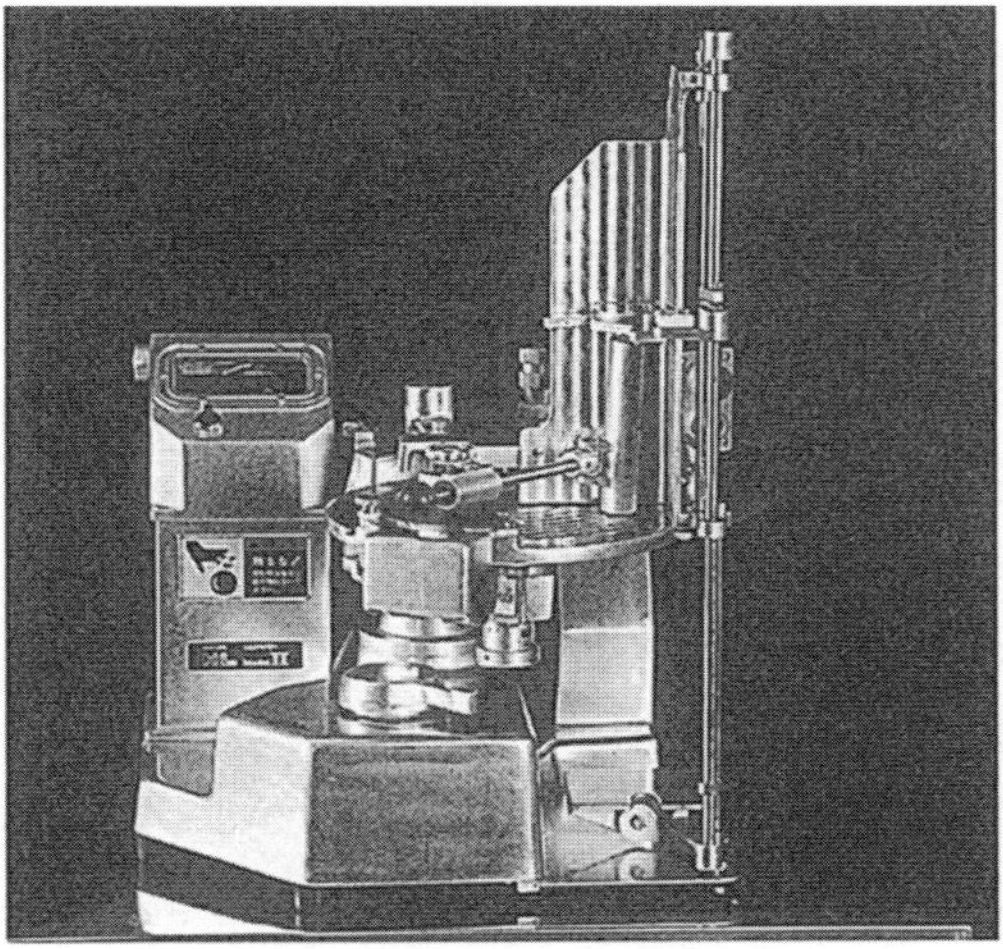

写真4-14 縦型ハムスライサー

②真空包装機

製品の保存性を高めるため、製品を非透過性のフィルムに詰めた後、脱気してシールする機械である（写真4－15）。これもさまざまな機種があり、脱気ばかりでなく炭酸ガスや窒素ガスと置換する機能が付いているものもある。通常、脱気やシールの強さの調整が付いているので、製品や包装資材の材質に合わせて調整する。

〔ポイント1〕シール部分が適切にシールされるかどうか確認する。

〔ポイント2〕真空ポンプのオイルなどのメンテナンスも忘れずに行う。

③ラベルプリンター

製品を販売するためには、食品衛生法、食品表示法等の法律に従った表示をしなければならない。

写真4-15 小型真空包装機

包装資材に必要項目が印刷されている場合を除き、加工品の種類、品名、材料等を記入したラベルを作成し、製品に貼らなければならない。

そのラベルを作成するのがラベルプリンターである。これはラベルを作成するばかりではなく、同時に重量を測定しラベルに重量、販売価格なども同時に記入するのが一般的である。

④その他

包装工程は以上のほかに、製造量や腸の種類によって次のような機械が必要となる。

不可食の人工ケーシングの製品の場合は、ケーシングを剥ぐピーリングマシーン（ピーラー）、大量生産で天然腸使用の場合は、ウインナーソーセージを一本一本切るウインナーカッターが必要となる。包装機器は、単純な包装ではなく、フィルムを成型しながらスライス品を包装する深絞り包装機、フィルムを自動的に袋状に成型し、製品をシールする製袋充填機等が使用されている。また、包装製品に金属があるかどうかを検査する金属検出機が使用される。

4　計量の重要性と計量方法

(1) 計量の重要性

ハム・ソーセージ・ベーコンなど食肉加工品の製造においては、原料仕入段階の計量に始まり、製品包装出荷の計量に終わるというように、どの工程においても計量は不可欠な作業であり、もっとも重要な作業内容の一つである。

とくに、ハム類・ベーコン類などの塩漬時、ソーセージ類では、塩漬時またはカッティング時の食塩・発色剤等の添加物の計量ミスは、製品の味が変わるばかりでなく、法律による基準値（亜硝酸根70ppm以下等）オーバーを招くことも考えられる。一品目の添加物の計量ミスが、一ロット全廃棄にもつながることを常に頭に置いて計量作業に当たることが大切である。

(2) 計量器の取り扱い

①計量器の設置場所と管理

計量器は、しっかりした固定された台などの上に正しく設置する。

計量器および計量器の回りは、常に整理整頓に努め、食塩・添加物等が計量器に付着しないよう考慮する。計量器に水や添加物等がかかった場合はただちに清掃する。

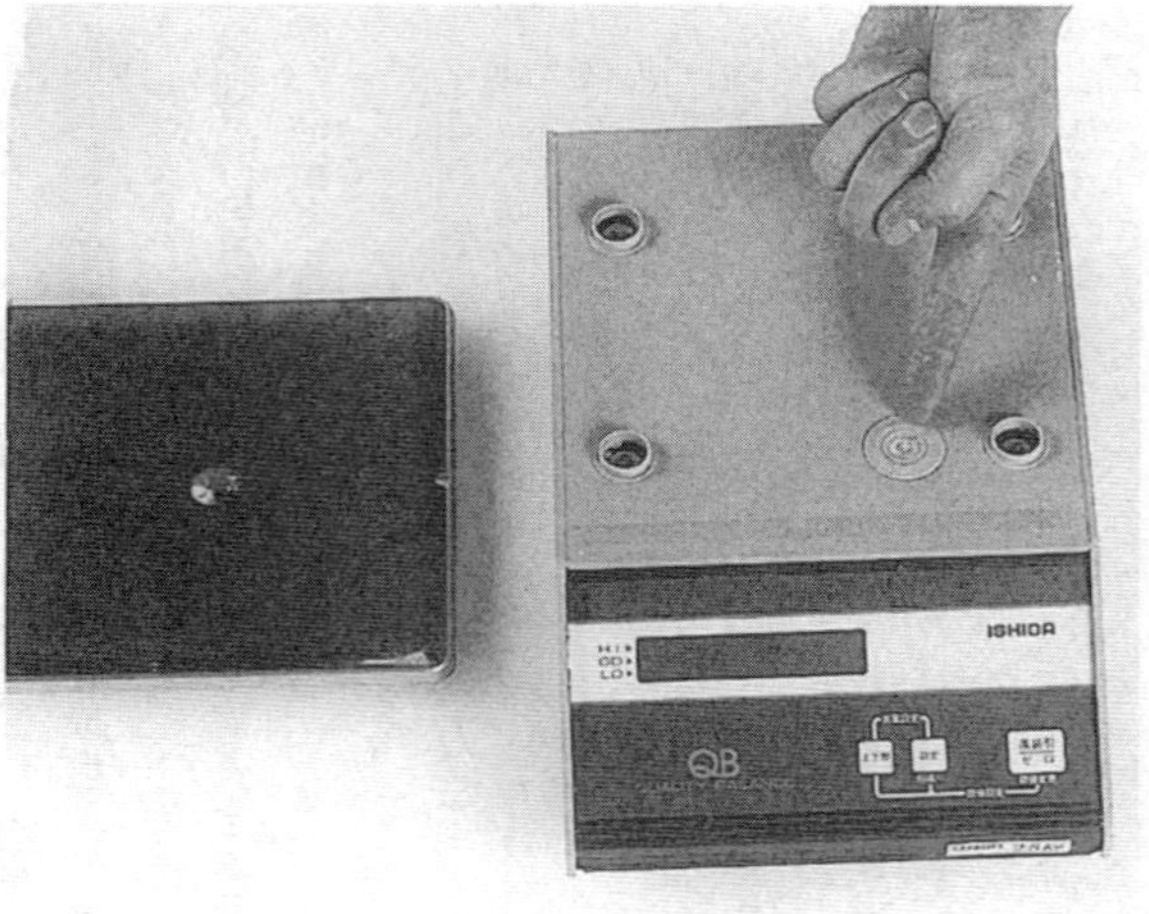

写真4-16 添加物等の計量器の水準器

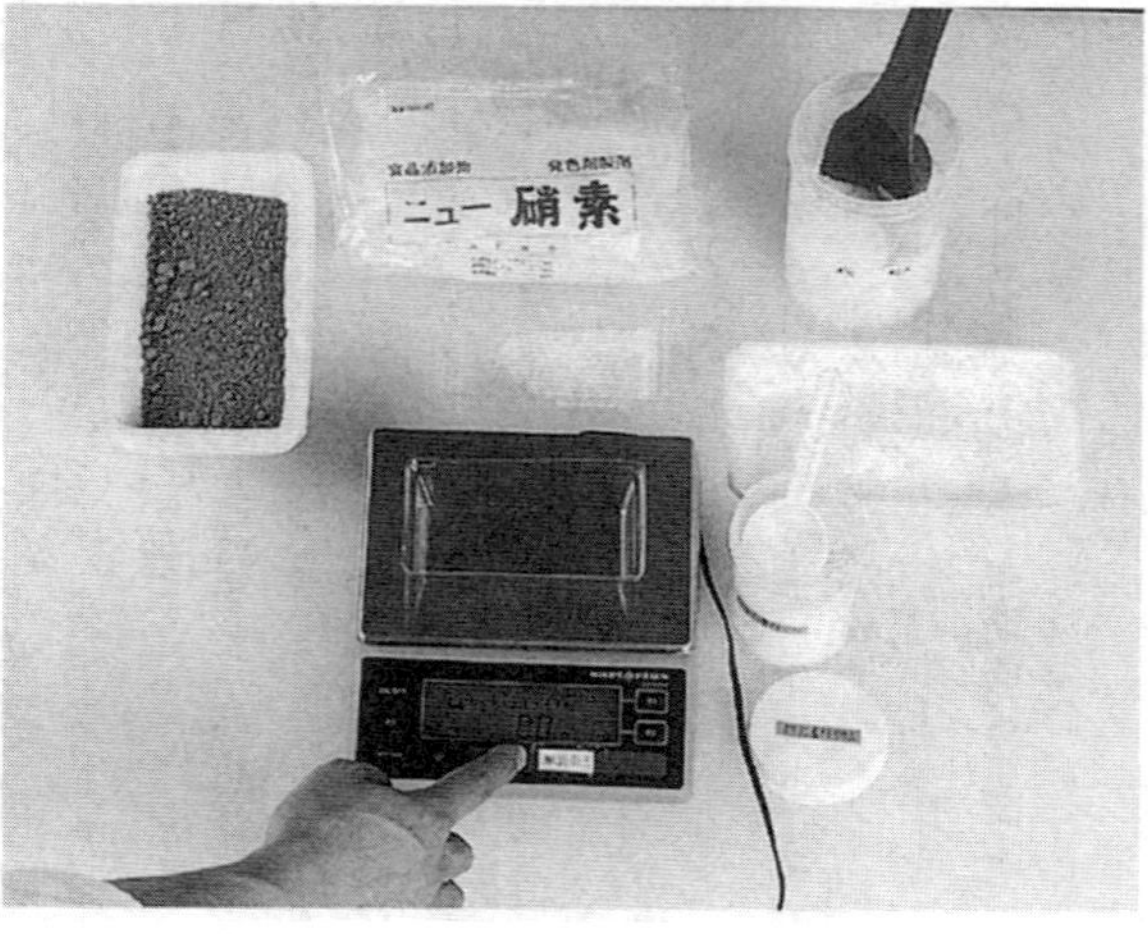

写真4-17 添加物計量時の風袋引き

②計量方法

1）水準器の確認

水準器のある計量器は、水準を定期的に確認する。とくに、添加物等少量を計測する計量器、ラベルプリンターは毎日確認作業を行うべきであり、原料肉等重い重量を量る計量器であっても定期的に確認すべきである（写真4―16）。

2）風袋引きの確認

添加物や香辛料は粉末、液体等形態が異なり計量時の器や袋の重量が異なるため、必ず風袋引きを行い、容器等を乗せた状態でゼロ表示を確認する（写真4―17）。また、風袋の重量が大きいバットの場合も、バットによって重量が異なる場合があるので風袋引きを行い、計量前のゼロ表示を確認する。

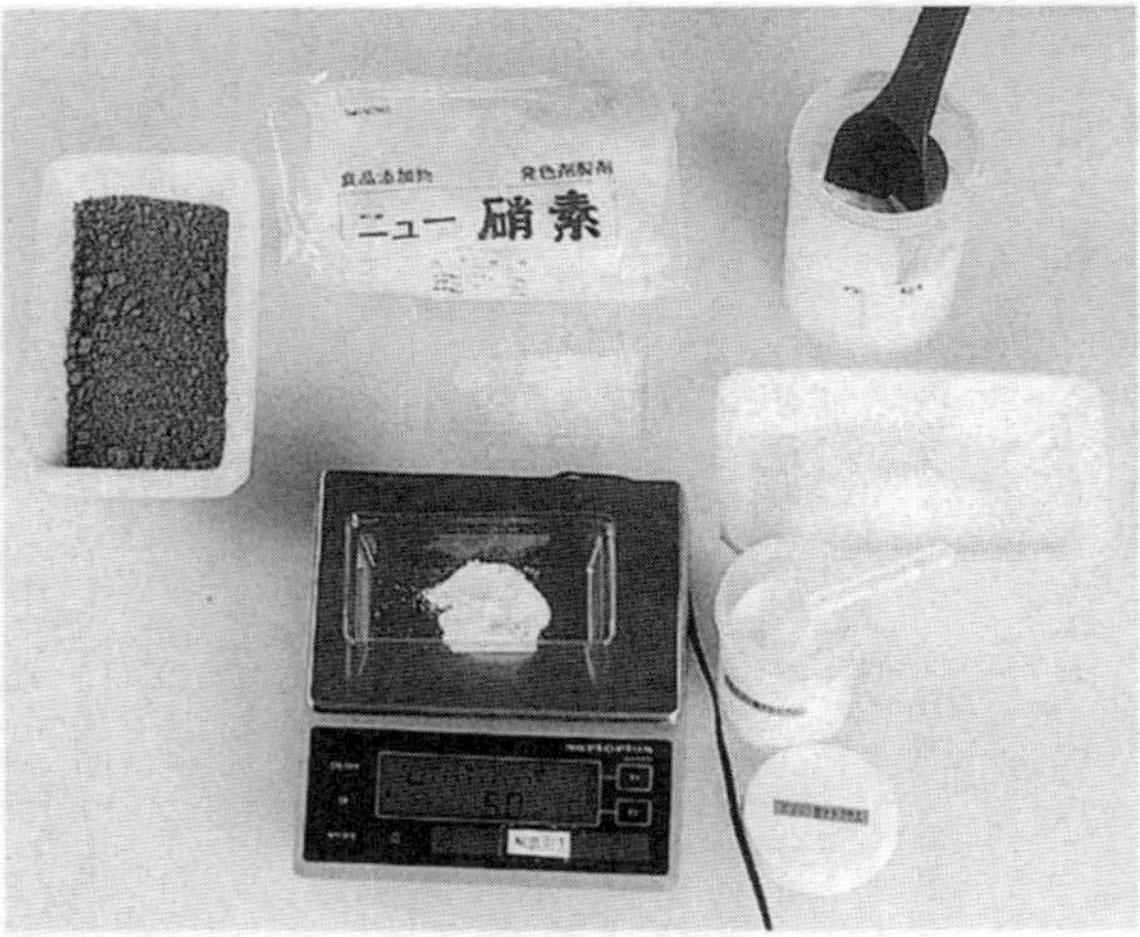

写真4-18 添加物等の計量

3）重量を計算する

風袋引き後、添加物や原料肉を決められた重量に計量する。添加物等の計量は、計量器の皿の上やまわりにこぼさないように、ていねいに行う（写真4―18）。原料肉等の重量が重い物の場合は、静かに計量器に乗せることに心がける。

五、食肉加工品の分類と製法概要

1　食肉加工品の一般的分類方法と製法概要

食肉加工品の種類は、世界で3000以上あるといわれる。それらを分類することは難しく、国によって名称が異なることも多い。ここでは、日本国内で用いられている分類方法によって、簡単に種類とそれらの特徴を解説する。

食肉加工品の品名や製法は、食品衛生法、いわゆるJAS法の品質表示基準および日本農林規格（JAS）などによって定義されている。分類の基準となるのは、主に原料肉塊の大きさ、製法、製品の太さなどであり、一般的にはソーセージ類、プレスハム、単身品類（ハム類、ベーコン類など）の3つに分けられている。ここでは主に、品質表示基準をもとにした一般的な分類方法と各種加工品の特徴について、加熱食肉製品を中心に説明する。品質表示基準では、ベーコン類、ハム類、プレスハム、ソーセージ、混合プレスハムおよび混合ソーセージの6種に分類しているが、後者の2種および缶詰・レトルト製品は省略する。

2　ソーセージ類の分類と製法

(1) ソーセージ類の分類

ソーセージとは、原料肉を挽き肉の状態あるいはさらに細切り・練り上げした肉を、主に羊腸・豚腸等のケーシングに充填したものの総称である。原材料は豚肉が主であるが、牛肉、マトン、内臓類（主に肝臓）、血液、異種たん白、魚肉等であり、練り肉に野菜や穀粒、乳製品等を種ものとして混ぜることもある。ソーセージ類はとくに分類方法がたくさんあり、保存性、製法および太さによって次のように分類される。

①保存性（水分含量）による分類

・**ドメスティックソーセージ**……水分が多く生鮮食品と同様の扱いとされ、消費されているソーセージの大部分がこれに当たる。

・**セミドライソーセージ**……品質表示基準では水分含量55％以下の製品。

・**ドライソーセージ**……品質表示基準では水分含量35％以下で、長期間の保存に耐えられる製品。

②製法（加熱やスモークの違い）による分類

・**生ソーセージ**……挽き肉に味付けをしてケーシングに充填しただけの製品となる。通常は冷凍で流通する。焼いて食べる場合が多いので、塩漬しない（無塩漬）場合が多い。

・**（スモークド）ソーセージ**……挽き肉に塩漬剤を添加し、味付けを行い、乾燥・スモーク・ボイルを行い製品となるもので、ソーセージでもっとも一般的なもの。

・**クックドソーセージ**……スモークを行わないでボイルだけで仕上げる製品。

③ソーセージの太さによる分類（写真5―1）

・**ウインナーソーセージ**……羊腸に充填したもの、またはコラーゲンなど人工ケーシングに充填した場合は、太さが20㎜未満の製品。

ウインナーソーセージ（羊腸充填）

フランクフルトソーセージ（豚腸充填）

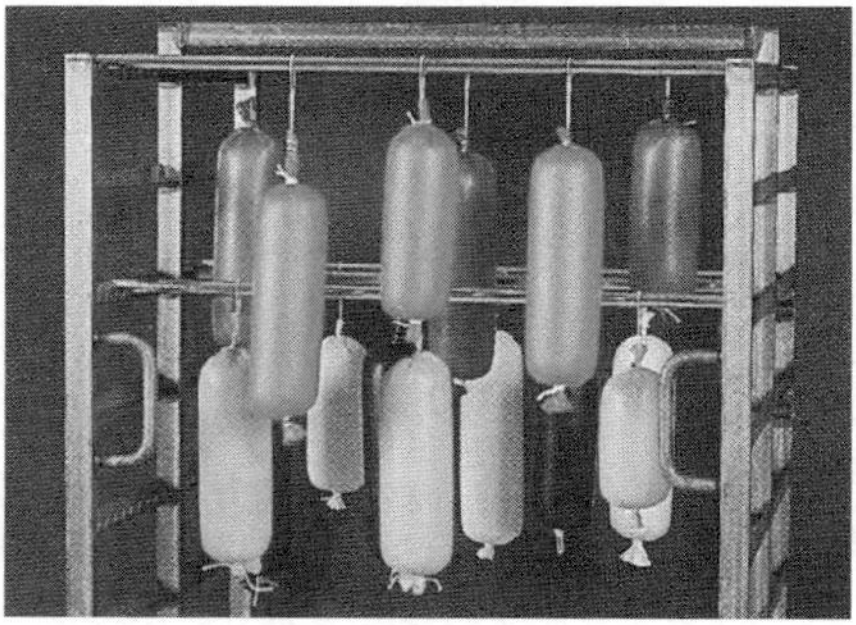

ボロニアソーセージ（人工ケーシング充填）

写真5-1 ソーセージの太さによる分類

・フランクフルトソーセージ……豚腸に充填したもの、または、人工ケーシングに充填した場合は、太さが20㎜以上36㎜未満の製品。

・ボロニアソーセージ……牛腸に充填したもの、または人工ケーシングに充填した場合は、太さが36㎜以上の製品。

④練り肉の粒子の大きさによる分類（写真5—2）

・**エマルジョン（練り）タイプ**……サイレントカッターなどで肉を細切りし、肉片がほとんどない状態の練り肉製品。

・**中間タイプ**……（一般には用いられていないが、あらびきと区別するのに必要である。）エマルジョンタイプのプレートに赤肉等を追加し、肉片を残す製品。このタイプはあらびきという表示をしてはならない。

写真5-2 ソーセージ各タイプの加熱後の断面
（左からエマルジョン、中間、あらびき）

・あらびきタイプ……5㎜以上のプレート目で挽いた肉または同程度の肉を、主にミキサーなどで練り上げた製品。

⑤種ものを加えたもの

・リオナソーセージ……野菜類、米・麦などの穀粒、ベーコン、ハムなどの肉製品、チーズなどの乳製品等を加えたもので、太さは問わない。

(2) ソーセージの製法概要

ソーセージの製法は、充填する前のプレートの肉の粒子の大きさによって異なり、これらに何を混ぜるか、何に充填するか、どのような加熱方法をとるかによって異なる。ここでは、加熱食肉製品を中心に概要を説明する。

①エマルジョン（練り）タイプ

【原料調整→（塩漬）→チョッピング（肉挽き）→カッティング→充填→加熱→冷却→包装】

カッティング前に塩漬をしなかった場合は、サイレントカッターによるカッティング時に、食塩・発色剤を投入する。無塩漬製品は、発色剤を投入しない。加熱は、一般的に熟成・乾燥・スモーク・ボイルとなるが、スモークは任意である。この練り肉を使って多種多様な商品を作ることができ、このプレートに赤肉を混ぜ合わせ、ミキシングやカッティングをさらに行ったものが中間タイプである。

②あらびきタイプ

【原料調整→塩漬→チョッピング→練り合わせ→充填→加熱→冷却→包装】

チョッピング後、ミキサーなどで挽き肉、香辛料等を練り合わせるだけで充填を行う。加熱はエマルジョンタイプと同様である。

3　プレスハムの分類と製法

(1) プレスハムの分類

ハムとソーセージの中間的なもので、一つの肉魂の重量が10 g以上のものを練り合わせ、ケーシングに詰めたものが本来のプレスハムであるが、この肉魂につなぎを加えたもの（つなぎの占める割合が20％を超えるものを除く）をケーシングに詰めたものもある（写真5―3）。プレスハムはわが国独特の製品であり、原料肉は、時代とともに変化し、現在では主に豚肉が使用されるが、馬肉・マトンを使用したり、家兎肉等をつなぎ原料

写真5-3 プレスハム

肉として使用したりする場合もある。加熱は、ソーセージと同様の工程であるが、時間が長くなる。

(2) プレスハムの製法概要

【原料調整→塩漬→練り合わせ→充填→加熱→冷却→包装】

プレスハムの場合は肉片がソーセージ類に比べ大きいので、必ず塩漬を行う。つなぎはミキサーなどによる練り合わせ時に投入する。

4 単身品類の分類と製法

(1) 単身品類の分類

単身品類とは、肉を細切りしたソーセージや、一定の大きさの肉魂を練り合わせたプレスハムとは異なり、一つの肉魂のまま作られる製品である。

単身品の種類は、ロースハム・ボンレスハムを代表とするハム類と、ベーコン類などである。なお、品質表示基準によると、ハム類は骨付きハムを除き、原料肉をケーシングなどに包装した後に加熱するとされている。単身品は、肉魂の状態（骨の有無）や使用部位および製法によって次のように分類される。

①ハム類

・**ロースハム**……脱骨された豚ロース肉を原料とした製品（写真5―4）。

・**ボンレスハム**……脱骨された豚もも肉を原料とした製品。

・**ショルダーハム**……脱骨された豚かた肉を原料とした製品。

・**ベリーハム**……脱骨された豚ばら肉を原料と

写真5-4 ロースハムの製品

写真5-5 ベーコン

した製品。

・**骨付きハム**……豚の骨付きももを原料とした製品。

・**ラックスハム**……脱骨された豚かた肉、ロース肉またはもも肉を原料として、低温で熟成、スモーク（しない場合もある）した製品。

②ベーコン類

・**ベーコン**……脱骨された豚ばら肉を原料とした製品（写真5―5）。

・**ショルダーベーコン**……脱骨された豚かた肉を原料とした製品。

・**ロースベーコン**……脱骨された豚ロース肉を原料とした製品。

・**サイドベーコン**……豚半丸枝肉を原料とした製品。

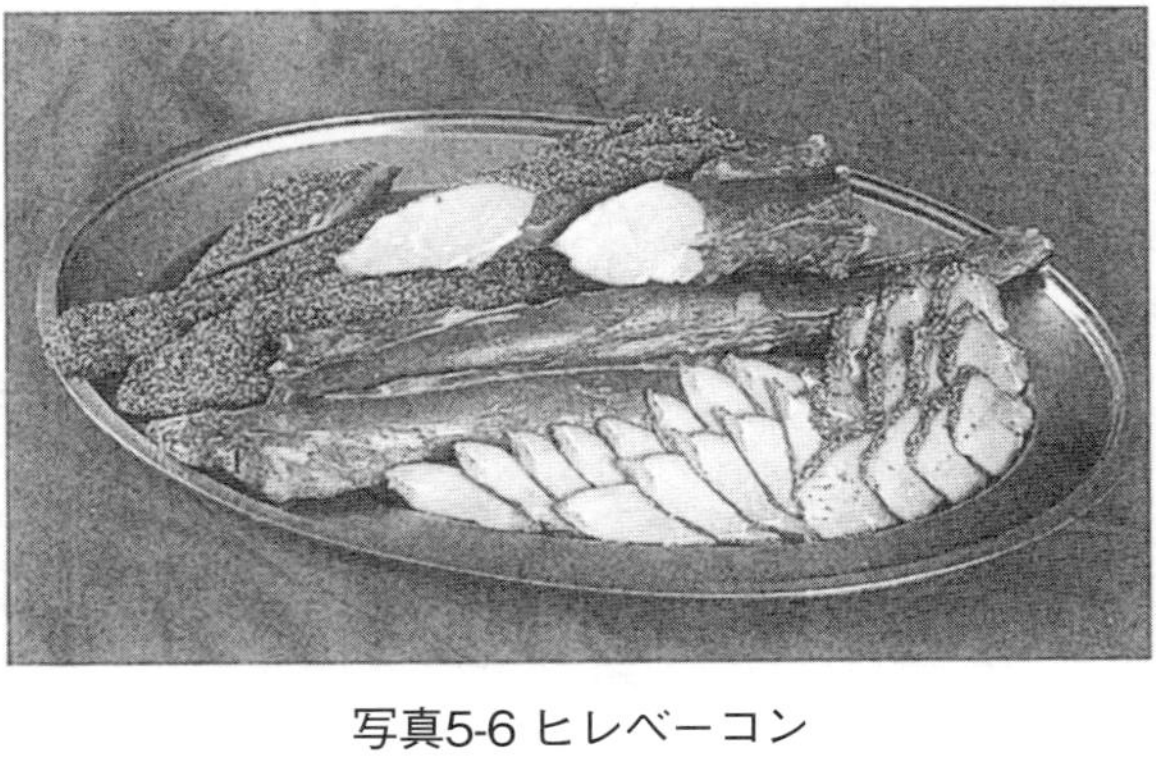

写真5-6 ヒレベーコン

・**ミドルベーコン**……豚の胴肉（枝肉からかたおよびもも肉を除いたもの）を原料とした製品。

③その他の単身品

・**スモークタン**……タンをハム類と同様に製造した製品。

・**ボイルタン**……タンをリティーナーに詰め、ボイルした製品。

・**ヒレベーコン**……豚ヒレ肉をベーコンと同様に製造した製品（写真5―6）。品名は食肉製品。

(2)　単身品類の製法概要

①ハム類

【原料選定→塩漬→充填→加熱→冷却→包装】

ハム類（ラックスハムを除く）は、塩漬後人工ケーシングやネットなどに充填し加熱する。加熱工程はプレスハムと同様である。

②ベーコン類

【原料選定→塩漬→ピン掛け→加熱→冷却→包装】

ベーコン類は、塩漬後ベーコンピンなどに掛け（ピン掛け）加熱するが、ほかの種類と異なり、加熱時には必ずスモークをしなければならない。

5　食品衛生法による分類

食品衛生法では、主に製品の加熱条件によって非加熱食肉製品、特定加熱食肉製品、加熱食肉製品および乾燥食肉製品の4つに分類されており、それぞれ成分規格、微生物規格、保存基準、製造基準が定められている。一般に流通している加工品の大半は、加熱食肉製品（中心温度が63℃30分、または同等以上の加熱をされたもの）に該当し、加熱食肉製品はさらに包装後加熱、加熱後包装に分類されている（図表5－1）。
包装後加熱とは、原材料を非透過性の人工ケーシングなどに充填したものを、加熱・冷却しそのまま出荷されるものであり、代表的なものはボロニアソーセージなどがある。加熱後包装とは、天然腸や透過性のケーシングなどに充填し、加熱・冷却後包装され出荷されるものであり、ウインナーソーセージ、ロースハム、ベーコンなど大半の食肉加工品がこれに分類される。
食品衛生法による規格基準は図表5－2、5－3の通りである。

図表5-1 食肉製品の概要

<table>
<tr><th></th><th colspan="2">非加熱</th><th colspan="2">加熱</th></tr>
<tr><td></td><td colspan="2" rowspan="2">（非加熱食肉製品）
パルマハム
ラックスシンケン
コッパ
カントリーハム
1993年設定</td><td>63℃ 30分間
（同等）未満</td><td>63℃ 30分間
（同等）以上</td></tr>
<tr><td></td><td rowspan="2">（特定加熱食肉製品）
ウエスタンタイプ
ベーコン
ローストビーフ

1993年設定</td><td rowspan="2">（加熱食肉製品）
ボンレスハム
ロースハム
プレスハム
ウインナーソーセージ
フランクフルト
ソーセージ
ベーコン
1962年設定</td></tr>
<tr><td>水分活性
0.95未満</td><td>ラックス
ハム
'82設定</td><td>セミドライ
ソーセージ
'93設定</td></tr>
<tr><td>水分活性
0.87未満</td><td colspan="4">（乾燥食肉製品）
ビーフジャーキー
ドライビーフ
サラミソーセージ
1981年設定</td></tr>
</table>

	漬　け			くん煙・乾燥	加熱殺菌
	食肉の温度	使用添加物等	水分活性		
				20℃以下 または50℃以上	
	5℃以下	亜硝酸ナトリウムを 使用する場合 亜硝酸ナトリウム 200ppm以上 食塩等 6%以上（乾塩法） 15%以上（塩水法・ 一本針注入法） 亜硝酸ナトリウムを 使用しない場合 食塩等 6%以上（乾塩法）	0.97未満	亜硝酸ナトリウム を使用する場合 20℃ または50℃以上 亜硝酸ナトリウム を使用しない場合 20℃以下 53日以上	
		亜硝酸ナトリウム 200ppm以上 食塩等 3.3%以上		20℃以下 20日以上	
					55℃　97分 ～ 63℃　瞬時
					63℃　30分 間または 同等以上
					63℃　30分 間または 同等以上

図表5-2 製造基準表

食肉製品分類		原料食肉	解凍・整形温度	塩 方法
乾燥食肉製品				
非加熱食肉製品	単一肉魂利用の場合	と殺後24時間以上に4℃以下 pH6.0以下	10℃以下	亜硝酸ナトリウムを使用する場合 乾塩法 塩水法 一本針注入法 亜硝酸ナトリウムを使用しない場合 乾塩法で40日間以上
非加熱食肉製品	非単一肉魂利用の場合			
特定加熱食肉製品（単一肉魂に限る）		と殺後24時間以内に4℃以下 pH6.0以下	10℃以下	乾塩法 塩水法
加熱食肉製品	包装後加熱			
加熱食肉製品	加熱後包装			

注　：食塩等……食塩、塩化ナトリウムまたはこれらを組み合わせての使用可。

図表5-3 成分規格および微生物基準表

製品分類		成分規格		微生物規格					保存基準
		亜硝酸根	水分活性	E.coli	黄色ブドウ球菌	大腸菌群	クロストリジア	サルモネラ	
非加熱食肉製品		0.07g／以下	0.95未満	100／g以下	1,000／g以下			陰性	10℃以下
			—						4℃以下
特定加熱食肉製品		0.07g／以下	0.95未満	100／g以下	1,000／g以下		1,000／g以下	陰性	10℃以下
			—						4℃以下
加熱食肉製品	包装後加熱	0.07g／以下	—			陰性	1,000／g以下		10℃以下
	加熱後包装	0.07g／以下	—	陰性	1,000／g以下			陰性	10℃以下
乾燥食肉製品		0.07g／以下	0.87未満	陰性					—

六、加工用原料処理

1　部位別原料処理

(1) ロースの整形（写真6―1）

〔用途〕ロースハム、ロースベーコン、ソーセージ（整形肉）、背脂肪

①内面の処理

・軟骨（棘突起先端、肩甲軟骨、腸骨先端、関節・乳頭突起、過剰肋骨等）を除去する。

・肋間筋上面の汚れ・すじ、第二腰椎付近の血管を除去する。

②かぶり（広背筋・僧帽筋）の処理

・かぶりをそのままとする場合は、多少表面の脂

写真6-1 ロースの整形後

肪を薄めに整形する。

・筋間脂肪が厚い場合は、かぶりがはずれない程度に整形し、元にもどす。

・かぶりを除去する場合は、筋間脂肪をロース側に残し、かぶりは整形してソーセージ用とする。

③背脂肪の整形

製造品目に合わせて背脂肪を整形する。とくに、ばら切断面中央部、もも側の脂肪が厚いので注意する。ロースの整形脂肪は、ソーセージ用の脂肪として使用する。

④両端の整形・分割

・ロースのかた側、もも側を背線に直角になるように切り、ソーセージ用とする。

・整形後のロースは分割しない場合と、3～5分割にする場合がある。分割した場合は、切断面を見て再度脂肪面を整形する。

(2) ばらの整形（写真6―2）

〔用途〕ベーコン、ベリーロール（ベリーハム）、ソーセージ（整形肉）

①余剰部分の分割

・腹側を一直線に整え、背側とほぼ平行になるように切る。

・かた切断面を背側に対して直角に切り、もも側は、用途に応じてかた切断面側と平行になるように切り、ほぼ長方形か、もも側をやや広めの台形とする。整形肉は、ソーセージ用とする。

②内面の処理

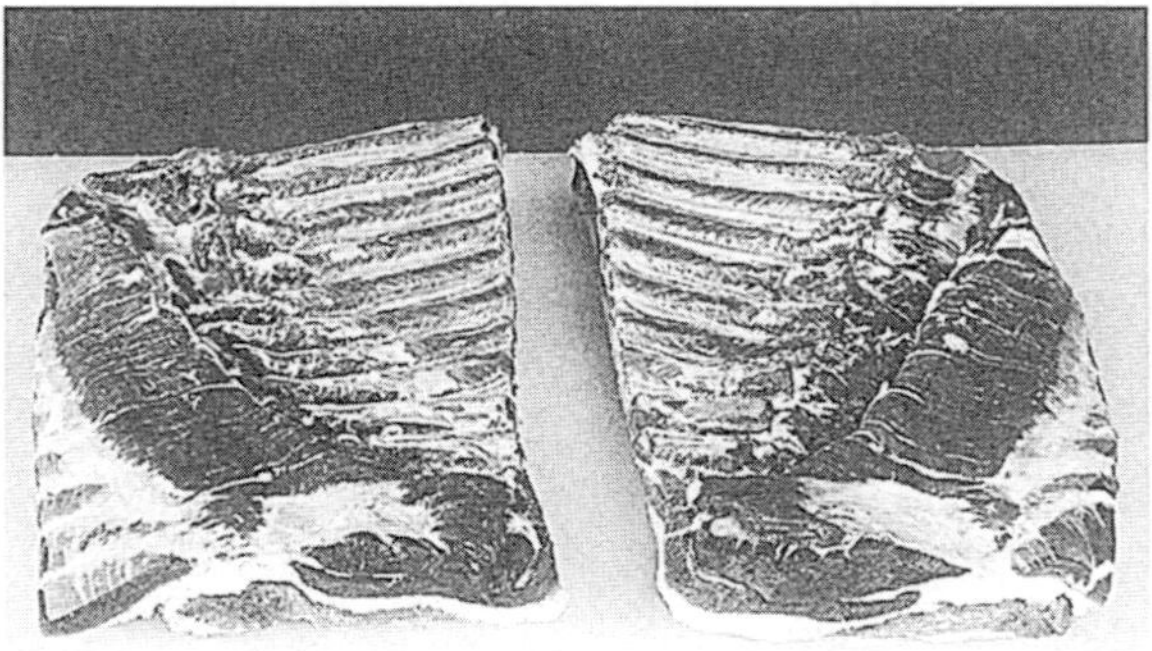

写真6-2 ばらの整形後

・肋軟骨の残りを除去する。
・肋間筋上の脂肪およびすじを除去する。

③脂肪の整形

・ロース切断面側を整形する。とくに中央部の脂肪が厚いので注意する。
・はら側を整形し、乳腺跡・血管はすべて除去する。

(3) かたの分割・整形（写真6―3）

①かたロースの分割

・かたロース芯からかたばら側約3㎝のところと、第二頸椎跡を「くの字」に結んで、ナイフをややかたばら側に向けて切り開く。
・背脂肪の幅が、均一（約5㎝）に残るように、ロース切断面側とネック側の幅を合わせ分割する。

写真6-3 かたの分割

②ネック付きかたばらの分割

・かたばらと、うでの間を切り開く。

・ネックを手前に引き、とうがらし（棘上筋）横の鎖骨筋に沿って、うでとネック付きかたばらを分割する。

③まえすねの分割

・とうがらし側のまえすね・こまくらをうでから分割する。

・かたさんかく（上腕三頭筋）側のまえすねを分割する。

④かたロースの整形

〔用途〕ショルダーハム・ベーコン、生ハム、ソーセージ（整形肉）

・頸椎・胸椎および棘突起跡の軟骨を除去する。

・内面の汚れ・血管を除去する。
・裏面の骨肌・すじを除去する。
・脂肪面を整形する。
・ネック側を第二頸椎付近で切断し、ソーセージ用とする。
・ショルダーベーコン用にする場合は、背脂肪側から2枚に分割する。

⑤うで（ショルダー）の整形

〔用途〕ショルダーハム・ベーコン、プレスハム、ソーセージ（整形肉）
・うわみすじ（肩甲下筋）を分割し、骨肌、中央の筋を除去する。
・肩甲骨下の骨肌を完全に除去し、すじ・汚れ・脂肪を除去する。
・とうがらし、みすじ（棘下筋）およびかたさんかくの太すじを除去する。うで部位すべてをソーセージとする場合でも、この3つの太すじは、必ず除去する。太すじの先端には上腕骨等の軟骨が付いていることが多い。
・脂肪面を用途に合わせて整形する。
・ショルダーハム用を取る場合は、2～3分割し、再度整形する。
・うでから赤肉を取る場合は、かたさんかく、みすじ、とうがらしに3分割し、すじおよび脂肪を除去する。脂肪に多少赤肉が付く程度に整形し、固い脂肪は背脂肪と同様にソーセージ用に使用する。
・うで全体をショルダーベーコン用とする場合は、かたさんかく、とうがらし部位を整形し、全体の厚みを均一にする。

⑥ネック付きかたばらの整形

〔用途〕ショルダーベーコン、ソーセージ（整形肉）

・かたばらからネック部を分割する。

・ネックのリンパを完全に除去し、脂肪面を整形する。

・かたばらの頸椎側の汚れ、頸椎横突起・頸肋跡の軟骨を除去する。

・肋骨側の肋軟骨を除去する。

・脂肪面を整形する。すべてソーセージ用とする場合は、塩漬に適する大きさに切る。

・ショルダーベーコン用を取る場合は、かた切断面側をほぼ四角形に整形する。

⑦まえすねの整形

〔用途〕ソーセージ

写真6-4 ももの分割

表面の汚れを除去し、骨肌、先端の太筋を除去する。

(4) ももの分割・整形（写真6―4）

①ともすねの分割

ともすねと、はばき（腓腹筋）との間に沿って切り離す。

②うちももの分割

そともも（大腿二頭筋等）およびはばきとの間を切り開き、しきんぼう（半腱様筋）に沿ってうちももを切り離す。

③しんたまの分割

・しんたまとそとももとの間をらんいち（中臀筋等）付近まで切り開く。

・腸骨骨肌と、ともさんかくとの間を切り離す。

④はばきの分割

はばきをそとももとの筋膜に沿って切り離す。

⑤うちももの整形

〔用途〕ボンレスハム、プレスハム、ソーセージ（整形肉）

・かぶり表面の脂肪、すじ、汚れを除去する。

・寛骨側のすじ、汚れを除去する。

・はばき（薄筋）とともに、ひれ肉頭部等をうちももから切り離す。

・うちもも裏面の汚れ、すじを除去する。

・うちもも裏面の血管を除去する。この工程の後、肉色の濃淡や用途に応じた大きさに整形・区分する。

⑥しんたまの整形

〔用途〕ボンレスハム、プレスハム、ソーセージ（整形肉）

・表面の脂肪、すじを除去する。
・大腿骨の骨肌、皿骨付近の太すじを除去する。
・肉色の濃い部分（まるかわ付近）を分割し、用途に合わせ区分する。

⑦そとももの細分割・整形

〔用途〕ボンレスハム、プレスハム、ソーセージ（整形肉）

・寛骨上面の雑肉を除去し、脂肪を除去する。
・仙尾椎付近の軟骨を除去し、仙尾椎下の太すじに沿って上面の肉を除去する。太すじを除去する。
・腸骨跡の骨肌を除去する。
・なかにく（大腿二頭筋）上の脂肪および太すじを除去する。
・しきんぼうおよび、らんいち上のすじを除去する。
・寛骨下の肉色の濃い部分はソーセージ用として区分する。
・脂肪側からしきんぼうとなかにくの間のリンパを除去する。
・脂肪面を整形する。
・いくつかのボンレスハム用に取る場合は、形を整えて分割する。
・なかにくからボンレスハム用を取る場合は、形を整えて分割する。

⑧はばきの整形

〔用途〕ソーセージ（整形肉）

・はばきからせんぼんを切り離し、先端の太すじを除去する。はばきすべてをソーセージにする場

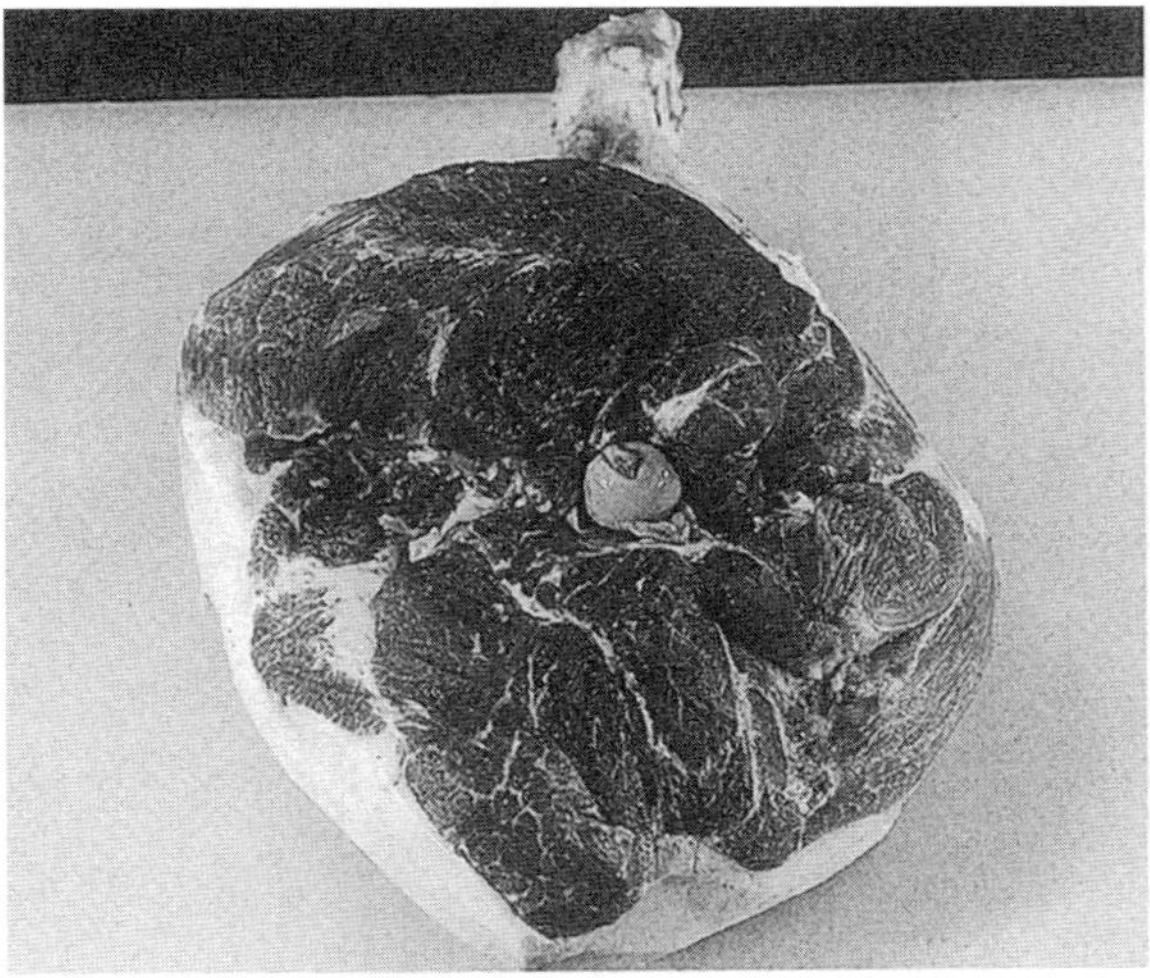

写真6-5 ロングカット仕上がり

合は、先端の太すじだけを除去する。
・赤肉を取る場合は、せんぼん下のすじに沿って分割し、すじを除去する。

⑨ともすねの整形

〔用途〕ソーセージ
表面の汚れ、太すじを除去する。

(5) 骨付きもも・大型ボンレスハムの整形

〔用途〕骨付きハム（加熱・非加熱）、ボンレスハム、ソーセージ（整形肉）

①ロングカット（写真6—5）

寛骨を除去する場合と除去しない場合があるが、整形は同様である。
・尾椎先端を切断する。

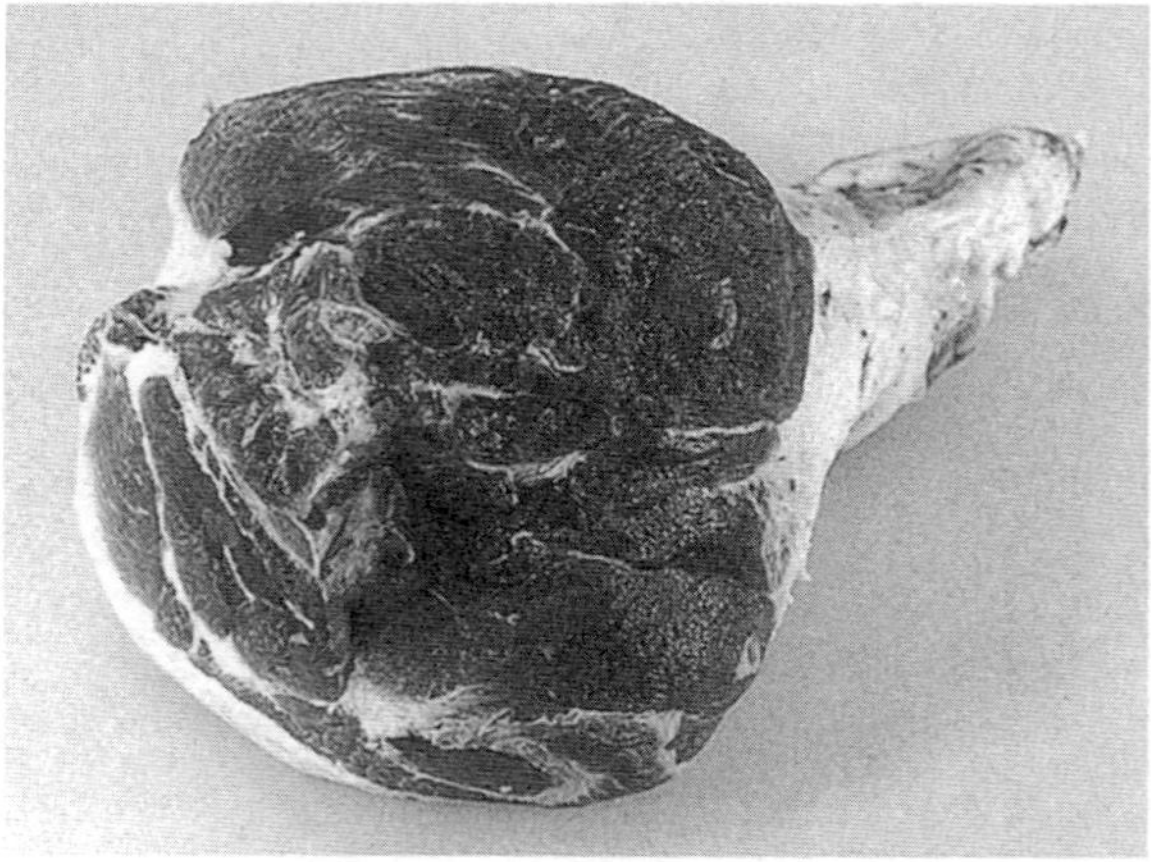

写真6-6 ショートカット仕上がり

・仙腸関節付近を切断する。
・坐骨先端から、腸骨先端にかけて全体がとっくり状になるように切断し、内面を整形する。
・脂肪面を整形し、整形肉はソーセージ・プレスハム用とする。

②ショートカット（写真6－6）
・尾椎先端から腸骨中央部およびしんたまにかけて全体がとっくり状になるように切断する。
・内面を整形する。
・脂肪面を整形し、整形肉はソーセージ用とする。

③大型ボンレスハム用
寛骨、下腿骨を除去後、うちももを開かないで大腿骨を除去し大型ボンレスハム用とする。
・大腿骨骨頭周囲の骨肌を切る。

・大腿骨滑車部周囲の骨肌を切る。
・骨頭側および滑車部側から骨肌をはがすようにして大腿骨を除去する。
・内面および脂肪面を整形する。

2 ソーセージ類等の原料仕分け

(1) 原料仕分けの考え方

原料仕入れは、同質の原料を仕入れることがもっとも重要である。ソーセージ原料をうで部位等に限定すれば仕分けの必要はないが、部分肉セットで仕入れ、単身品原料を取った整形肉をソーセージ原料とする場合は、用途に応じてあらかじめ決められた基準によって仕分けを行うことが重要である。なぜならば、ソーセージプレート（生地）を製造するつど、原料肉の赤肉割合や、脂肪の質が異なっていたのでは、同質の製品を製造することはできないからである。

日本において、定説化された原料肉の仕分け方法はなく、各社独自で決めているものと考えられる。本書では、ドイツの原料肉仕分け方法を参考として、次のような仕分け基準を作成したので参考にされたい。なお、主として仕分けの基準としている赤肉率は、原料処理の段階では肉眼で見た赤肉と脂肪の割合である。この仕分け方法は、脂肪をどのくらい除去するかではなく、部分肉についている脂肪をいかに有効に使うかという考えに基づいている。牛肉を原料とする場合は、豚肉と同様の基準で仕分けを行えばよい。

(2) 仕分けの具体例

①豚赤肉1（赤肉率95％以上、やや濃い肉色）

主にもも部位およびももの整形肉の脂肪やすじをほとんど除去した状態で、肉色がやや濃いものとする。塩漬をして使用する場合が多いので、肉塊の大きさをできるだけ均一にしてサイコロ状（3～4㎝角）に切ることが望ましい。用途はプレスハム、ボロニアソーセージ（ビヤシンケン）等切断面に肉塊が見える製品やソーセージプレートに混ぜる赤肉として用いる。

②豚赤肉2（赤肉率90％前後、やや薄い肉色）

もも部位、うで部位およびそれらの整形肉、かたばら等で、太すじだけを除去し、脂肪が10％程度付いた状態で、肉色がやや薄いものとする。肉塊の大きさは豚赤肉1と同様とする。用途は、ソ

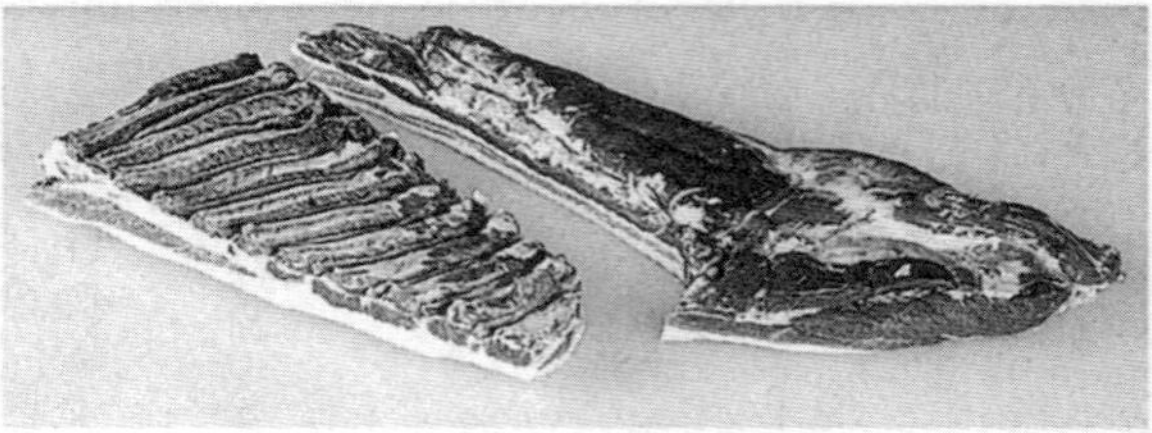

写真6-7 ばら肉の分割方法

ーセージプレートや赤肉、脂肪割合を下げたあらびきソーセージ用として用いる。

③豚赤肉3（赤肉率80％前後）

まえすね、まくら、ともすね、はばき等コラーゲンが多い部位の表面の汚れ、先端の太すじを除去したものや、豚赤肉1または2を仕分けた時の各部位の整形時に出るすじを指す。ソーセージプレート用としてはもっとも適した原料である。

④豚赤肉4（赤肉率75～70％前後）

各部位の整形肉で、太すじを除去し、脂肪が25～30％前後付いた状態のもの。用途は、ソーセージプレート、あらびき用とする。

⑤豚赤肉5（赤肉率60％前後）

ばら肉を肋軟骨部跡で分割した腹側を用い、ばら先のだぼ脂肪は取り除いた状態（写真6―7）。用途は、ソーセージプレートや焼豚として用いられる。

⑥豚赤肉6（赤肉率50％前後）

ばら肉の豚赤肉5を仕分けた残り（ロース側）の部位である。用途は、あらびき用、ソーセージで肉塊を残す製品にも用いられるが、一般的にはサラミ原料として使用する。サラミ原料とする場合は、融点の高い（固い）脂肪のばら肉を使用する。

⑦豚赤肉7（赤肉率40％前後）ソーセージ原料用

かた部位のネック部分や、頭肉のリンパ等を除去したものを使用する。用途は、ボイル仕上げをする、レバーソーセージ、レバーペーストの原料とする場合が多いが、少量であればソーセージプレートとして使用できる。

⑧豚背脂肪

主にロース整形脂肪を用いるが、かたロース、そともも等整形時の固い融点の高い脂肪も合わせて使用する場合もある。用途は、ソーセージプレートやサラミに使用される。サラミには、かたロース付近の脂肪（もっとも融点が高い）が適している。

七、ソーセージ類の製法

1　エマルジョン(練り)タイププレートの製造

(1) 原料等の配合

原材料、添加物、香辛料の配合は、ソーセージの品質や特性を決める重要な要素である。製品によって、多種多様な組み合わせや割合の違いがあるが、ここでは加熱ソーセージを中心に紹介する。ドイツの分類でいうと、ブリューブルスト（直訳では茹でソーセージ）に当たる。

①原料肉・脂肪・氷（氷水）

エマルジョンタイププレート用の使用原料肉は、基本的に豚肉というケースが多いが、ボロニアソーセージは牛肉を使用する場合がある（図表7—1の例5および6）。豚肉は、ソーセージの原料仕分けでも示したように、コラーゲンを多く含んだすね肉など（豚赤肉3）がもっとも適している。原料肉と豚背脂肪および氷の割合は、いくつものパターンがあるが、ここでは代表的な配合例を示す。

図表7—1の配合例は、原料肉・脂肪および氷の相対割合としても読めるが、実際には原料肉重量が異なる場合が多いので、原料肉に対して脂肪は何%、氷は何%というような決め方をしたほうが便利であろう。

②食塩・糖類

食塩の配合割合は、製品の塩分含量はもとより、

図表7-1 原料肉・脂肪・氷の配合例

豚　肉			牛　肉	豚背脂肪	氷	合計(kg)
例1	赤肉3	16.6		4.2	4.2	25.0
例2	赤肉3	15.5		5.5	4.0	25.0
例3	赤肉3	14.0		8.0	7.0	25.0
例4	赤肉3	8.3				
	赤肉2	8.3		4.2	4.2	25.0
例5	赤肉3	11.0	赤肉3 3.0	6.0	5.0	25.0
例6	赤肉3	4.0	赤肉2 4.0			
	赤肉6	6.0	赤肉3 4.0	2.0	5.0	25.0

肉のテクスチャー（保水性・結着性）および保存性に影響を及ぼすので重要な要素となる。食塩の配合割合が高ければ（2％前後）、製品の保水性および結着性の向上に寄与する反面、塩分含量が高くなり、消費者の低塩志向に合わなくなってしまう。逆に配合割合を低くすると、保水性や保存性などいくつかの問題が生じる。

食塩の配合割合を決めるのに考えなければならない点は、1）糖類、主に砂糖などによる甘みとのバランス、2）氷の配合割合が高い場合の、水っぽさの緩和、3）加熱による歩留りの低下にともなう塩分濃度の上昇、4）精製塩、自然乾燥塩等食塩の種類などである。

適切な食塩の配合割合を示すのは難しいが、近年の低塩志向等も考慮すると、原料肉・脂肪および氷の量を100とした場合、1・2～1・8の範囲内と思われる。

糖類は主に砂糖が用いられ、配合割合は、全体に対する割合も重要であるが、先にも触れたように、食塩とのバランスがもっとも重要である。一般的な配合割合は、原料肉・脂肪および氷の量を100とした場合、0・4~0・6（食塩の3分の1）程度が適切と思われる。

③添加物・調味料等

ソーセージ製造に用いられる添加物および調味料は大きく分けて、発色剤、酸化防止剤、結着補強剤、調味料、保存料、pH調整剤、結着材料、着色料等である。これらのうち、ソーセージ（加熱食肉製品）製造に最低限必要なものは、亜硝酸ナトリウムなどの発色剤（無塩漬の場合は除く）、アスコルビン酸ナトリウムなどの酸化防止剤（還元剤）、重合リン酸塩などの結着補強剤である。グルタミン酸ナトリウムなどの調味料は消費者志向を考慮すべきであり、pH調整剤、結着材料、着色料、保存料、くん液などは原料肉の品質、原価などに合わせて使用する。

公正競争規約では、「手造り風」の表示をする場合は、結着材料（でん粉など）を含まず、発色剤、調味料、結着補強剤、酸化防止剤および香辛料抽出物以外の食品添加物を含まないものとなっている。

これら添加物の配合割合は、仕様書をよく確認することが大切である。また、発色剤は、食品衛生法で製品への成分残存量（亜硝酸根で70ppm以下）によって規制されているので、配合割合ばかりでなく、製品検査によって確認する必要がある。

添加物の配合割合は各添加物の種類や製剤メーカーによって異なるが、一般的な例を示すと図表7―2の通りである。割合がどの重量に対してかを明確にする必要がある。

④香辛料

香辛料は、ソーセージになくてはならないものであり、香辛料の香気成分や、辛味成分によって食欲を増進させ、肉の生臭さを矯正し味をととのえる役割をもっている。

香辛料の配合割合は、その製品の良否を決定するといっても過言ではない。特殊な製品を除けば、一般的に使用されている香辛料の数は10数種類であろうが、これら香辛料の組み合わせや割合の決定は非常に難しい。

香辛料の使用方法には、単品ごとに仕入れて、

図表7-2　添加物の配合例

発色剤(ネオキュアー75)	原料肉に対して	0.14%
発色剤(ニュー硝素)	原料肉・脂肪・氷に対して	0.10%程度
(発色剤はネオキュアー75またはニュー硝素のどちらかを使用するが、ソーセージの場合は塩漬期間が短い場合が多いので、硝酸カリウムを含まないネオキュアー75が適している。)		
酸化防止剤 (アスコルビン酸ナトリウム)	原料肉・脂肪・氷に対して	0.05%程度
結着補強剤(ポリゴンM)	原料肉・脂肪・氷に対して	0.40%程度
調味料 (グルタミン酸ナトリウム)	原料肉・脂肪・氷に対して	0.05%程度

自分で計量・混合して使用する方法と、配合香辛料（ミックススパイス）を使用する方法がある。前者は、各種香辛料の特徴を熟知しなければならないし、香辛料の品質や在庫管理を的確に行わなければならない。後者は、各香辛料メーカーの製品を選んで仕入れるだけなので手軽に利用できるが、他社と類似した製品となってしまうという欠点もある。完成されたレシピがない段階では、配合香辛料をメインに使用し、製品によっては単品を追加するという方法を取ることが無難である。

香辛料配合割合の目安は、単品香辛料合計、配合香辛料ともに0・4～0・6％程度である。単品香辛料の場合は、保管状態やメーカーによって製品の香りに若干違いが出るので注意する。また、配合香辛料の場合は、香辛料のほかに調味料や食品添加物、場合によっては結着材料が含まれている場合があるので、食品添加物と同じく仕様書の確認が必要である。

参考までに単品香辛料の配合をいくつか例示する。この配合は、原料肉・脂肪合計重量1kg当たりである。

【ウインナーソーセージ】

ペッパー（ホワイト）	2・0g
ナツメグ	1・0g
パプリカ（赤）	1・0g
コリアンダー	0・5g
ジンジャー	0・5g

【ボロニアタイププレート1】

ペッパー（ホワイト）	2・0g
メース	1・0g
ジンジャー	0・5g
カルダモン	0・2g

【ボロニアタイププレート2】
ペッパー（ホワイト）2・0g
メース 0・5g
コリアンダー 0・5g
マスタード 0・5g
カルダモン 0・2g

【ボロニアタイププレート3】
ペッパー（ホワイト）2・5g
メース 1・0g
コリアンダー 0・5g
ジンジャー 0・2g
パプリカ（赤） 0・2g
カルダモン 0・1g

【ボロニアタイププレート4】
ペッパー（ホワイト） 2・0g
ナツメグ 1・0g
メース 0・5g
コリアンダー 0・5g
ジンジャー 0・2g
カルダモン 0・2g

【プレートに加える赤肉1】
ペッパー（ホワイト）2・0g
メース 0・5g
コリアンダー 0・5g
マスタード 0・5g
カルダモン 0・2g

【プレートに加える赤肉2】
ペッパー（ホワイト）2・5g
メース 1・0g
マスタード 1・0g
カルダモン 0・2g

(2) 塩漬

①乾塩法による塩漬

レシピに従った量の食塩および発色剤を別々に計量後よく混合し、原料肉に均一に混合する。原料肉が少量の場合はバットなどで、量が多い場合はミキサーなどで混合する。

塩漬肉をシートなどで覆い、塩漬冷蔵庫（2～5℃）で1～3日間程度保管する。保管温度を高めにすると、塩漬期間を短縮できるが、塩分濃度等も考慮する必要がある。

②カッターキュアリング

作業効率を上げるため、ソーセージのカッティング時に食塩・発色剤を添加する方法を、カッターキュアリングという。作業効率が良いため、この方法が多く使われている。

(3) チョッピング（肉挽き）

①チョッピング準備

チョッパーの台皿などを冷却し、チョッパーのセット（とくにプレート目の大きさ）を確認する。チョッパーから出る挽肉を受けるバットなどを準備する。チョッピングする肉および脂肪の温度を確認し、肉、脂肪の順にチョッピングする。

②チョッピング

台皿に乗せた肉および脂肪を、投入口から一定量を投入し、ひき肉や脂肪が重ならないようにバットに並べる。量が多い場合は、ミートワゴンなどを使用する。

工程	①	②(③)	④	⑤	⑥	⑦⑧⑨	⑩⑪⑫
温度(℃)	0~2			4~5		4~58~9	12
原料等の投入	ひき肉	リン酸塩(塩・発色剤)	氷1/2	酸化防止剤 砂糖等	氷1/2	脂肪　香辛料	かき だし
回転	L		H	L	H L	H L H L H	S HLS

注　：1．温度は目安であり、最終温度は10～12℃程度が望ましい。この時点で脂肪の目が多少残っていても、結着力が十分であれば問題はない。
　　　2．原料等の投入の（塩・発色剤）は、カッターキュアリング時のみ投入する。
　　　3．回転の表示は二段変速を前提とし、Lは低速、Hは高速、Sは停止を示す。
　　　4．添加物、脂肪、香辛料等は、1～数回転の内に均等になるよう投入する。
　　　5．温度の変化は氷の大きさ、固さ（温度）によっても異なる。

＜工程＞

① 挽肉をカッターに平らに投入する。生のたまねぎ等を使用する場合はこのときに投入する。

② 低速で数回転カッターを回し、リン酸塩、（液体香辛料）を投入する。

③ 塩漬をしていない原料肉の場合は、食塩・発色剤をよく混合して投入する（カッターキュアリング）。

④ 続いて、氷2分の1を投入する。

⑤ 高速でカッティング後、プレートの温度が4～5℃になったら、低速にして砂糖・酸化防止剤等を投入する。

⑥ 続いて氷2分の1を投入し、高速でカッティングする。

⑦ プレートの温度が再び4～5℃になったら低速にして、脂肪を均等に投入し、高速でカッティングする。

⑧ カッティング中に、皿の底をすくうように、へら等でプレートをよく混ぜ合わせる。

⑨ プレートの温度が8～9℃になったら低速にして香辛料を均等に投入し、高速で数回転回す。

⑩ いったんカッターを停止し、ふたの裏側に付いたプレートをかき出す。

⑪ 高速にして皿の底をへら等でさらい、全体がよくなじむようにするとともに、練り上がり状態を確認する。

⑫ 真空機能がない場合は、プレートの空気を抜くため、低速で数回転まわす。

⑬ 皿の湾曲を利用して、すくうようにしてプレートを取り出し、ホッパーやバット等に取り出す。

図表7-3 投入順序と回転、温度管理の概要

工程	①	②(③)	④	⑤	⑥	⑩⑪⑫
温度(℃)	0~2			4~5		12
原料等の投入	ひき肉	リン酸塩 (塩・発色剤)	氷1／2	脂肪・酸化防止剤 香辛料・砂糖等	氷1／2	かき だし
回転	L		H	L　H	L　H	S HLS

注　：工程①～⑫は図表7-3と同様。

図表7-4 ボロニアタイププレートの基本カッティング

(4) カッティング

①腸詰めタイププレートの基本カッティング

1) カッティングの準備

カッターの皿を氷などで冷却し、必要な肉、脂肪、氷、添加物等を身近に揃え、カッターのセットを確認する。挽肉および脂肪の温度を確認する。

ひき肉の温度は、2~0℃を原則とする。サイレントカッターの能力によっては、ひき肉の温度を再度冷凍庫等でマイナス2℃程度（やや凍った状態）まで下げることが望ましい。このことにより、カッティング時のプレートの温度上昇速度が抑えられ、より結着力が高いプレートができる。脂肪の温度は2~4℃程度であることを確認する。

2) カッティング

投入順序と回転（皿および刃）、温度管理の概要は図表7―3の通りである。

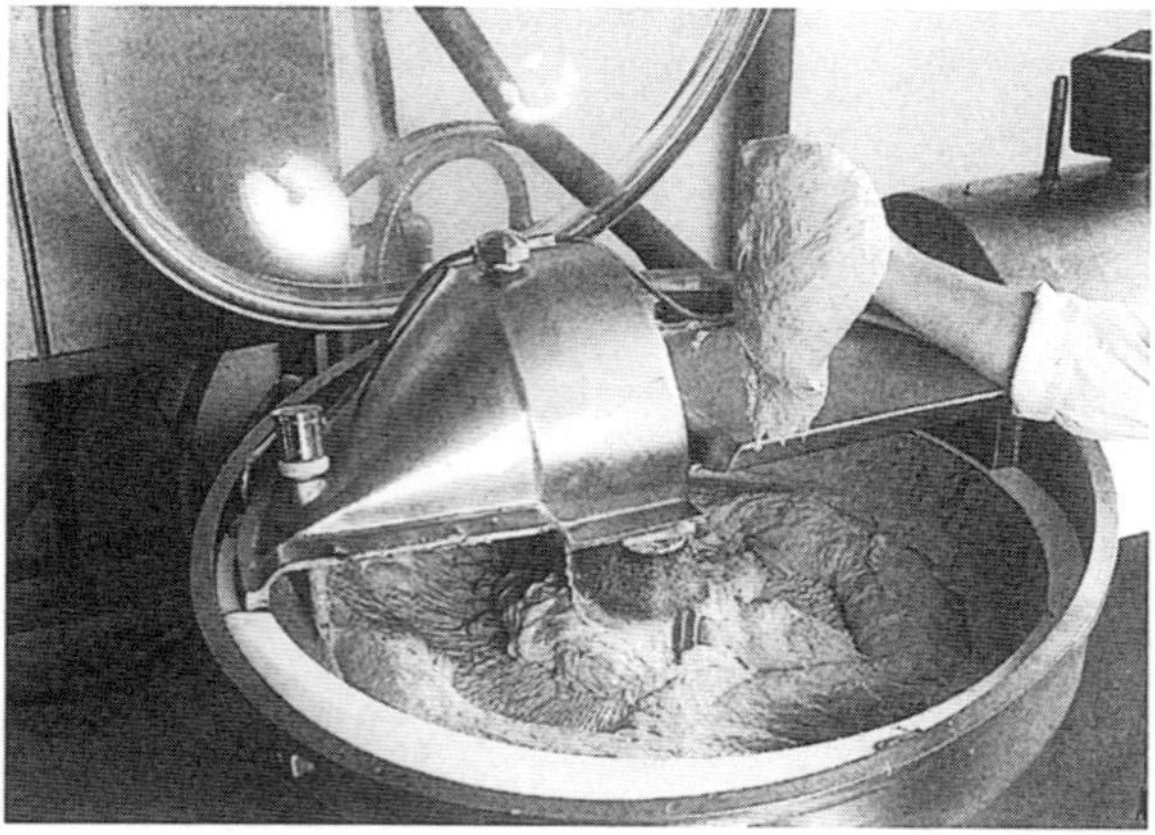

写真7-1 カッティング完了時のプレート

②ボロニアタイププレートの基本カッティング

ボロニアタイププレートの基本カッティングは、図表7－4の通りである。

このようにボロニアタイププレートの氷の投入時期が異なるのは、腸詰めタイプのプレートに比べ、より強いプレートの結着力が求められるからである。また、ボロニアタイプ生地のカッティング時には、バキューム（真空）を使用することが理想的である。バキュームをかけることによって、肉全体の表面積が広くなり、カッターの刃で切る面積も広がり、たん白質の抽出力が向上し、結着力が上がるとともに、きめが細かくなる。また、バキュームは発色促進にも効果があるといわれているが、かけ過ぎると結着力が上がり、プレートが固くなり過ぎるので注意が必要である（写真7－1）。

③カッティングの応用

以上が基本的なソーセージプレートのカッティング方法であるが、製造品目やカッター容量の違いなどによっていくつかの方法がある。基本的な手順はほぼ同じであるが、氷・脂肪の投入順序の違いにより、仕上がりも微妙に異なってくる。いずれにしても、カッターに投入する肉の温度（2℃以下）や、終了時のプレートの温度（10～12℃）は同様である。投入順序は、次の通りである。

【原料肉→結着補強剤→（塩・発色剤）→氷2分の1→氷4分の1→脂肪→スパイスなど→氷4分の1】

【原料肉→結着補強剤→（塩・発色剤）→脂肪→スパイスなど→氷2分の1→氷2分の1】

2 プレートを利用した各種製品の製造

(1) プレートの利用法

以上の方法で作られたプレートを利用して、幅広い商品を製造することができる。

腸詰めタイプのプレートは、そのまま羊腸などに充填し製品とする場合が多いが、プレートをいくつかに分け、カッターやミキサーなどを使用して、香辛料などの追加、赤肉を加えてさらにカッティングしたり、ひき肉との混ぜ合わせなどを行い、味や食感にアクセントを付け数種類の腸詰め製品を作ることができる。

ボロニアタイププレートは、ボロニアソーセージのベースとして使用するためのもので、その利用法は数多くある。そのまま充填して製品となるようなプレートの場合は、塩漬をした赤肉（肉塊）を混ぜるものや、プレートに赤肉を加え、赤肉が適当な大きさになるまでさらにカッティングするものなどがある。プレート製造時の香辛料などを最小限に抑え、各種製造時に必要な香辛料などをプレートの分まで配合する場合もある。次に、プレートの応用方法をいくつか紹介する。

(2) 香辛料等の追加

ピスタチオナッツなどのナッツ類、ペッパー類（ホール）、パプリカなどの乾燥野菜類をプレートに混ぜ合わせる場合は、カッターのミキシング機能またはミキサーを使用する。

(3) プレートへの赤肉等の混合

①赤肉の塩漬

肉塊の大きい赤肉をプレートと混ぜ合わせる場合は、赤肉を別に塩漬をしておく必要がある。塩漬は、食塩・発色剤だけで行う場合と、香辛料も加えて行う場合がある。プレートに混ぜる赤肉をある程度カッティングし小さくする場合も、製品内の塩分等の均一性をはかるために、塩漬しておくことが望ましい。

②バットなどでの混合

肉塊を大きいまま残す製品の製造量が少ない場合は、バットやボールなどで混合を行う。このとき、プレートと肉塊の温度差を小さくしないと結着不良を起こし、製品をスライスしたときにプレートと肉塊が離れてしまう。したがって、塩漬された赤肉は、プレートのカッティング開始前から作業室（15℃程度）に放置しておくことが必要である。

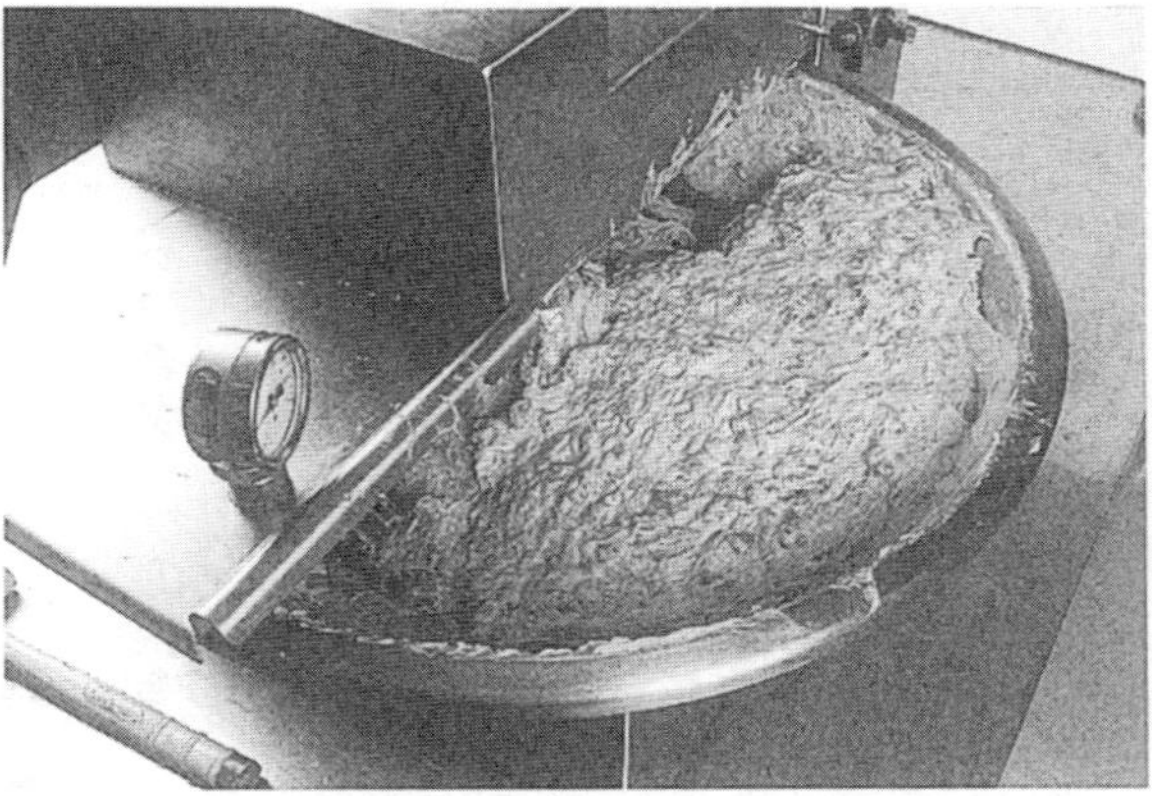

写真7-2 赤肉とプレートのカッティング

③ミキサーによる混合

肉塊を大きいまま残す製品の製造量が多い場合、または、肉塊の小さい製品を製造する場合は、ミキサーを使用する。後者の場合は、塩漬された赤肉等を商品に合わせたプレート目でひき肉にして、プレートと混合する。ミキサーによる混合の場合も、プレートと肉塊の温度差を少なくすることは重要である。

④カッターによる混合・カッティング

ミキシング機能が付いたカッターであれば、肉塊を大きいまま残す製品でもプレートと赤肉の混合が可能である。また、肉塊を小さくする製品の場合は、塩漬された赤肉等、場合によっては追加香辛料とともに直接カッターに投入し、赤肉等を望みの大きさ（腸詰製品の場合はノズルを通る大きさ）までカッティングする方法もある（写真7―2）。

3　あらびきタイプの製造

(1)　原料調整

①原料肉・氷水（冷水）

あらびきタイプのソーセージの原料肉は、豚肉が使用される場合がほとんどである。牛肉を使用する場合もあるが、多く入れるとサラミソーセージ（乾燥食肉製品）に近い食感になってしまう。製品によって、使用する原料肉の赤肉率が異なるが、赤肉率が高い原料を使うと、硬い感じが強くなり、脂肪が多いと柔らかな食感となる。

あらびきの原料は、一般的に太すじを含まない、かた肉やもも肉を使用し、原料処理の基準でいうと、豚赤肉4（赤肉率75～70％）程度が適切である。脂肪が足りない場合は、ばら肉（豚赤肉6）や背脂肪を10％程度混ぜる場合（表示が必要）もある。

食感を良くしたり、肉と添加物や香辛料のなじみを良くしたりするため、あらびきタイプ製造の場合は、氷でなく冷水を使用する。冷水を使用する理由は、氷を入れてミキシング（練り合わせ）を行うと、塩が配合されているために氷が解けきれずに充填され、製品の時点で気泡となって残ってしまうからである。原料肉と冷水の割合は、原料肉の赤肉率によっても異なるが、豚赤肉4だけを使用した場合、原料肉の20～25％程度が適切であろう。

②食塩・糖類、添加物、香辛料

これらの考え方は、エマルジョンタイプのプレートとほぼ同様である。

(2) 塩漬

エマルジョンタイプの原料塩漬と同様、乾塩法による塩漬とする。

(3) チョッピング

エマルジョンタイプの原料と同様であるが、公正競争規約では5㎜以上のプレートを使用してチョッピングすることと規定されている。また、牛肉や背脂肪等を配合する時は、チョッパーの台皿の上で豚肉とよく混ぜてから投入しないと、練り上がり時に脂肪等が片寄ってしまう場合があるので注意する。

(4) ミキシング（ミキサーによる練り合わせ）

①原料肉等の準備

原料肉の温度（2℃以下）を確認し、冷水、添

写真7-3 あらびき練り上がり状態確認

加物、香辛料を準備して、混合できるものは混合しておく。

② 基本的なミキシング方法

1) 冷却されたミキサーに、原料肉を入れ数回転の後、結着補強剤を投入する。

2) 冷水を2分の1程度投入し、砂糖・添加物・香辛料等を投入する。

3) 数分間ミキシングの後、冷水を2分の1程度投入する。チーズ・野菜等を配合するときはこの時点で投入してもよい。

4) ミキサーを止め、練り上がり状態を確認する(写真7—3)。

③ミキシングの応用

冷水に、結着補強剤・砂糖・添加物・香辛料等をすべて溶かし、数回に分けて投入する方法もある。

4 各種ソーセージの製造手順

(1) 製造の実際

小規模の工場においては、一日における製造品目が単品ということは少なく、カッターおよびミキサーを何度も使用して数種類の製品を製造する。製品が変わるたびに本来は機器を洗浄すべきであるが、実際にはカッターおよびミキサーからへらなどでプレートをよく取り出し、次の製品を製造するのが一般的である。このような場合、製品の製造順序を間違えるとさまざまな問題が発生するので注意する。

(2) 製造手順

実際にはいくつかの組み合わせとなるが、基本的な考え方は次の通りである。

・発色剤添加の有無……無塩漬製品↓塩漬製品

・添加物配合割合の違い……添加物の少ない製品↓添加物が多い製品

・結着材料使用の有無……結着材料を使用しない製品↓結着材料を使用する製品

・原料の違い……原料肉が豚肉のみの製品↓原料肉に牛肉その他の食肉を含む製品

・香辛料配合割合の違い……香辛料の薄い製品↓香辛料の濃い製品

・種もの使用の有無……種ものを入れない製品↓種ものを入れる製品

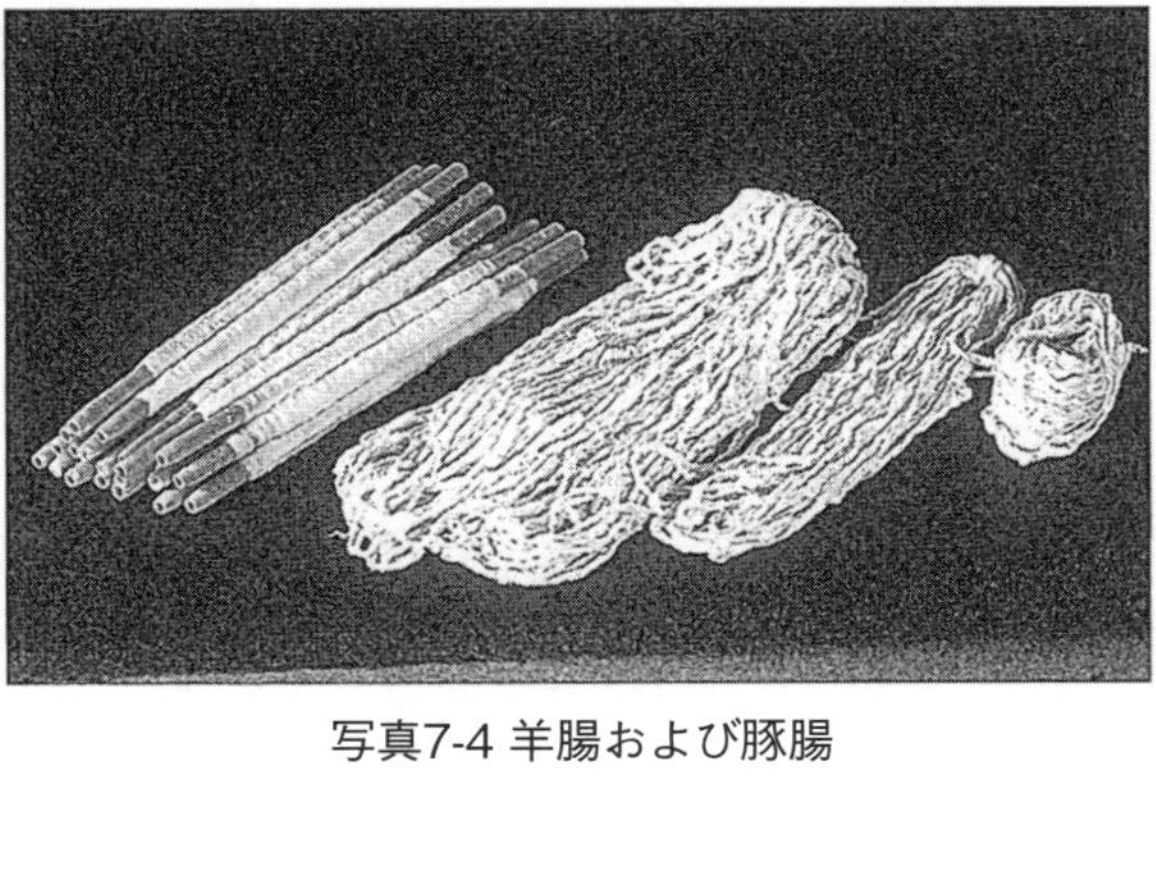

写真7-4 羊腸および豚腸

5　天然腸

(1) 羊腸および豚腸

ソーセージ（加熱食肉製品）に使用される天然腸は主に、羊腸および豚腸である。ソーセージプレートを羊腸に充填したものがウインナーソーセージ、豚腸に充填したものがフランクフルトソーセージとなる。羊腸は、製造効率の関係でパイプ詰めの形の塩漬状態で流通されている。サイズは、16～18、18～20、20～22㎜などに分けられている。一本のパイプには8～9m程度の羊腸が入っている。豚腸は羊腸と同じようにパイプ詰めもあるが、塩漬した腸を数本まとめて巻いた状態で流通し、使用時に一本一本に解いて使用する場合が多い（写真7―4）。

(2) 腸のもどし方

パイプ詰めの羊腸は、充填の数時間前に水で塩分を数回取り除き、ぬるま湯に浸けて腸をもどす。あまり長時間ぬるま湯に浸したままにすると、充填時に腸が弱くなってしまうので注意する。もどすのを急ぐ場合は、パイプから腸を充填口（細い方）の方向に先端を残してはずし、反対側からぬるま湯を通してパイプにもどす方法もある。

(3) 充填

①充填の準備

もどした腸、はさみ、エアー抜きのはりなどを充填機の近くに準備する。

写真7-5 油圧スタッファーによる羊腸への充填

②プレート詰め

プレートをスタッファーのシリンダーに詰める。このとき、シリンダー内に空気が入らないよう注意する。押し上げ式のスタッファーの場合、ふたを閉める際にも空気抜きを行う。腸の太さよりやや細めのノズルをセットし、ノズルの先端までプレートを出しておく。ノズルの選択はプレートの肉塊の大きさ、腸の太さ、ノズルの内径、外径を総合的に考える必要がある。

③腸のセット

ノズルにもどした腸をセットする。腸が重なってセットされると、充填時も重なってしまうので注意する。

④プレートの充填

セットされた腸の先端を結び、プレートを腸に充填する。充填は、ノズル先端からプレートが押し出されてくるスピード（圧力）と、腸の送り出しを右手親指と人差指で調整し、左手は腸を支えるようにして一定の固さにする（写真7―5）。経費の面を考えると、一定の長さの腸に多くのプレートを充填すべきであるが、そのためにノズルおよび腸を指で強く押さえ過ぎると腸の送り出しが遅くなり、腸が破裂したり、ひねり（結さつ）の工程でも破裂したりする場合がある。反対に、ノズルを弱く押さえていると腸の送り出しが早くなり、非常にゆるい詰め方になってしまい、次のひねりの工程で手間がかかるばかりでなく、不良品になることが多い。この指の感覚をつかむには経験が必要である。また、赤肉の肉塊を残したプレート（中間タイプ）や、野菜、チーズなどの種ものを混ぜたプレートの場合は、充填のスピードが早過ぎると、ノズルとの抵抗差により赤肉や種ものがプレートの内側に押されてしまい、ソーセージの表面がエマルジョンタイプと同様になってしまうので、充填機のスピードをやや遅めに調整する必要がある。この工程の良否が製品の良否を決定するといっても過言ではなく、原価的にも大きな割合を占める腸のロスの多少につながる。

(4) ひねり（結さつ）

①空気抜き

充填時に腸内に空気が入ってしまう場合がある。腸内に空気が入ったままにしておくと、製品の見栄えが悪くなるばかりでなく、冷却等により水が空気と入れ替わり、変色や腐敗の原因となる場合もあるので、必ずエアー抜き針などで空気を抜かなければならない。あまり大きな穴を開けると、圧力によってプレートが出てしまう場合もあるので、針は細いほうがよい。

②ひねり

腸のひねりは、一連にひねる方法と鎖状にひねる方法の2種類がある。製造量が多い場合は、ひねり装置付きのスタッファーを用いるが、手でひねる場合は前者の方法を用いている(写真7―6)。どちらの方法にしても、長さと固さ(湾曲の程度)を一定にすることがもっとも重要である。それは、このひねりによってできた形が製品の形になるからである。

ややゆるめに充填された場合は、規定の長さより多少長く取り、ひねる回転を増やせばほかと同

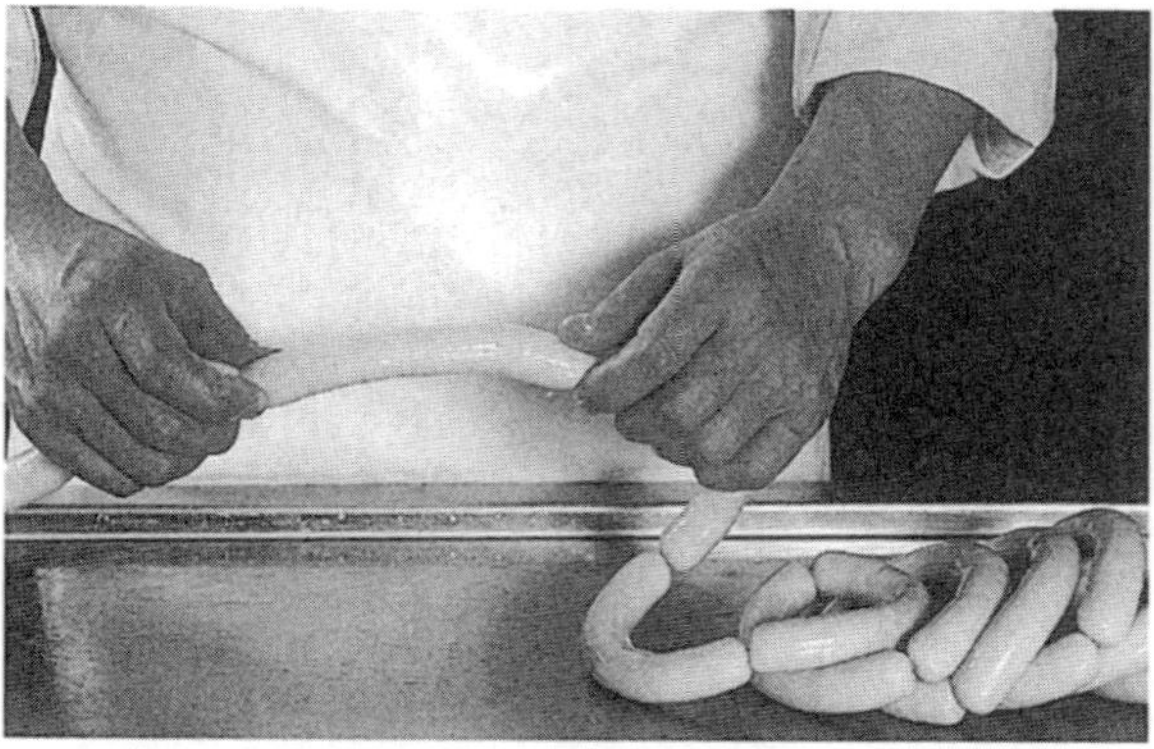

写真7-6 一連ひねり作業

じ固さになる。しかし、ひねられた間の腸が長くなり、包装の時点ではさみを余計に使わなければならない。反対に非常に固く充填された場合は、1回ひねったとたんに腸が破裂してしまう場合もある。したがって、ひねりを効率よく、また腸のロスを少なくするためにも、充填の適切さが重要となってくる。

1) 一連のひねり方

左右の親指と人差指で、決められた長さに調整し、同一方向にひねる。ひねるのは1本おきに行い、同時に2本がひねられることになる。ひねった腸は、竿にかけやすいように並べておく。最後は腸の先端を結ぶが、結ぶ長さがない場合は、腸内のプレートを抜くか綿糸などで結ぶ。

2) 鎖状のひねり方

充填した腸を台車の高さよりやや短めに切り、

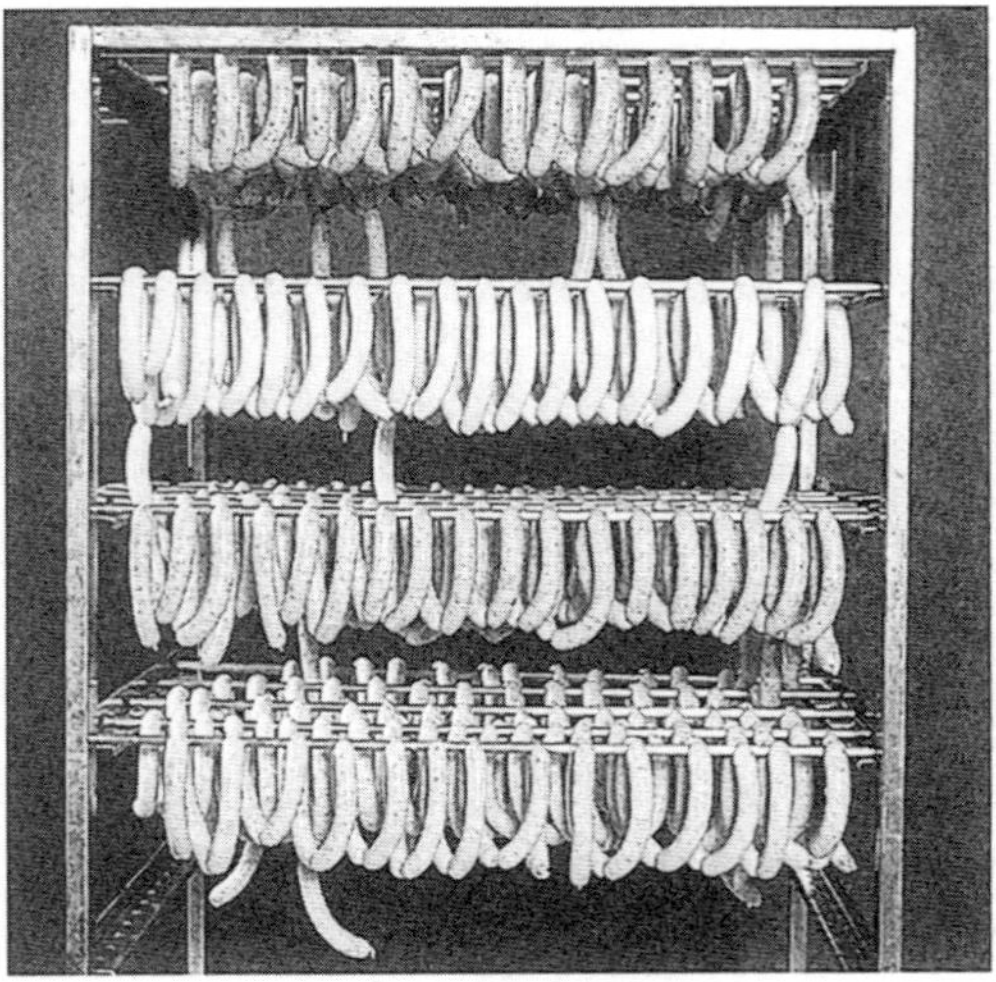
写真7-7 台車に掛けた状態

中央で数回ひねる。一定の長さにあわせて2本の腸を鎖状に編む。この際に、2本の間に隙間がないとスモーク色が着かず、不良品になってしまう。最後に2本の両端を結ぶ。

(5) 竿掛け

ひねられた腸を竿に通し、台車に掛ける。一連でひねった場合は、竿に掛ける際に腸の間を均等に空けることが大切である。竿に掛けた後、腸先端を結んだ残りは、乾燥時に充填した腸に付着してスモーク色にムラができる場合もあるので、必ずはさみなどで切る。

(6) 台車掛け

竿の間隔を均等に台車に掛ける（写真7—7）。一台の台車に掛ける量が多いと、充填した腸が接触しやすくなるが、接触した部分は乾燥不良となり、スモークも乗らず不良品となるので注意する。

6 人工ケーシング

(1) 人工ケーシングの種類

人工ケーシングは、透過性（通気性）ケーシングおよび非透過性ケーシングに分類され、前者は可食性ケーシングと非可食性ケーシングに分けられている。ここでは、主にボロニアソーセージ用の非透過性ケーシングについて述べる。非透過性ケーシングの材質は塩化ビニリデンやラミネートフィルムなどが使われている。非透過性ケーシングは透明でないものが多く、充填後製品の種類がわからなくなってしまうので、ケーシングの色や太さで分けたり、商品名が印刷されたりしているものを使用する。ここで使用したケーシングはNaloTOPケーシング（インペックス社）であるが、ほかの非透過性ケーシングの取り扱いもほぼ同様である。

(2) 充填

①充填の準備

ロール状で購入したケーシングは、製品に合わせて色・太さを決める。長さは充填する重量に合わせるが、結さつ時の余裕も含めて決定する。片方の中心から左右を蛇腹状にていねいに折り、その中心部にひもをつけてクリップ止めをして使用する。ひもは、加熱・冷却後竿に掛けるために必要である。

ケーシングをぬるま湯に浸し、使用時に湯をよく切って使用する。

②充填

プレートは腸詰めと同じように、空気が入らないようにシリンダーに詰め、ノズルの先端までプレートを出しておく。ケーシングの結さつしていないほうを少しまくってノズルにセットし、左手でケーシングの先端を押さえ、右手はノズルの先端およびケーシングをしっかり握り、プレートの出方に合わせてケーシングを送り出し充填する（写真7—8）。左手を多少回すようにするとうまく充填できる。やや多めに充填後、決められた重量に合わせる。空気の混入や作業効率を考慮すると、定量充填機能が付いた真空充填機を使用するのが理想的である。

(3) 結さつ

①綿糸による結さつ

写真7-8 人工ケーシングの充填作業

充填口を親指でしっかり押さえ、手前から奥に向かって綿糸を強く巻き付けて結さつする。最後にケーシングの先端を折り返して縛り、巻き付けた綿糸がもどらないようにする。このように、一本ずつ結さつする方法のほかに、綿糸の一端を作業台等に固定し、連続して結さつする方法もある（写真7―9）。この結さつがゆるいと製品のしまりが悪くなってしまうので注意する。

②結さつ機による結さつ

充填口の空気を抜いて、結さつ機（プレスタイ等）にセットし結さつする。あまり強く結さつすると加熱時に破裂する場合があるので、適度な圧力に調整しておく。結さつ機は、危険をともなうので十分注意する。

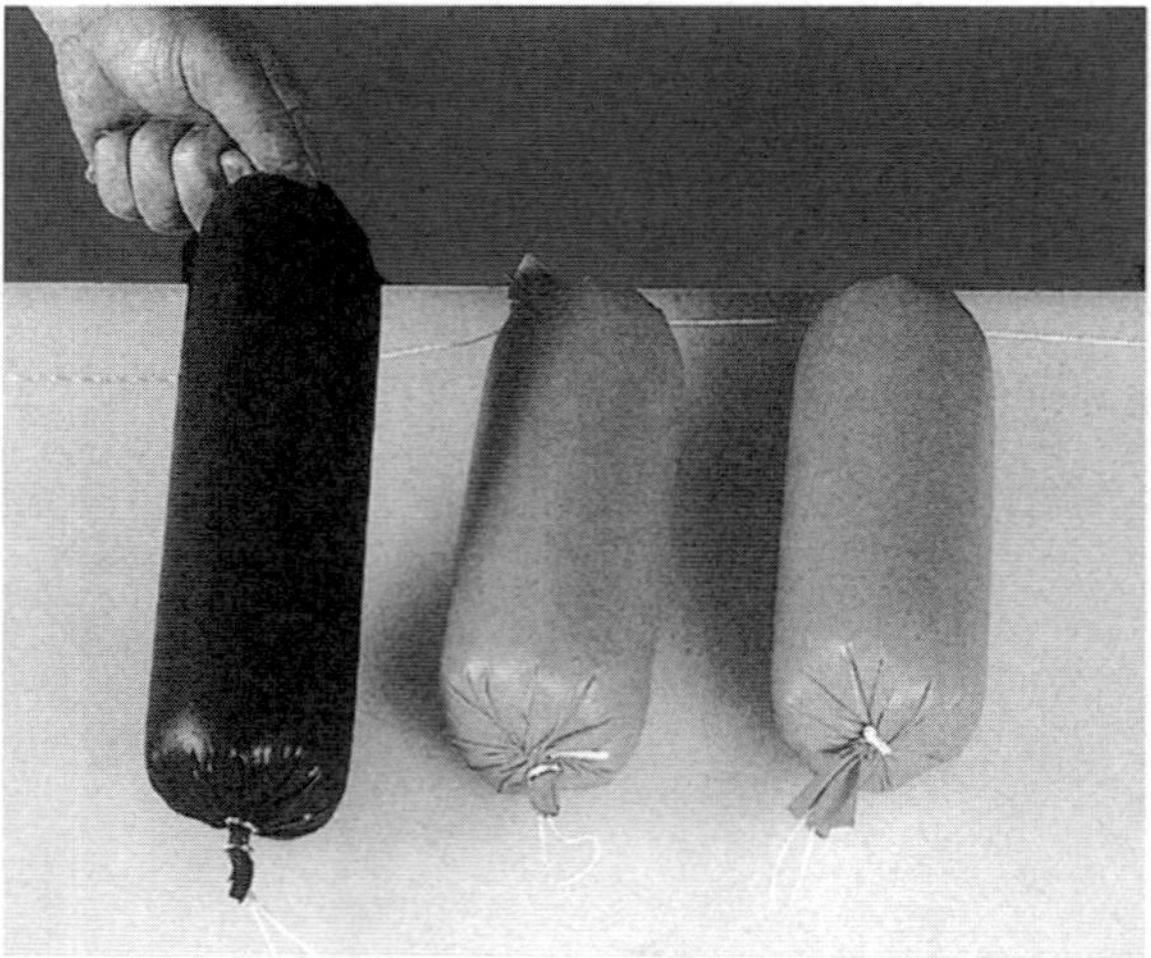

写真7-9 連続方式の結さつ作業

7 加熱・冷却方法

ここでの加熱・冷却とは、熟成・乾燥・スモーク・ボイル・冷却といった一連の工程全般を指している。腸詰めソーセージ類は、スモークハウスを使用して加熱する場合が多く、ボロニアソーセージはほとんどがボイル槽での加熱となっているので、これらの加熱方法を中心に解説する。

(1) スモークハウスによる腸詰めソーセージ類の加熱・冷却

スモークハウスによる腸詰めソーセージ類の加熱条件は、太さ、配合割合、1回の加熱の量、スモークハウスの能力・機能、スモークジェネレーターの方式等によって異なるので、庫内設定温度（湿

図表7-5 加熱工程の例

	庫内設定温度	時間	ダンパーの開閉	ファンのスピード
熟成	55℃前後	30分前後	排気 閉・吸気 閉	低速
乾燥	55～60℃	30分前後	排気 開・吸気 開	高速
スモーク	60℃前後	5～30分	排気1/4・吸気 スモーク	高速または低速
ボイル	70～75℃	20～30分	排気 閉・吸気 閉	高速
冷却	(シャワー)	20～30分		

注 ：ボイル終了は、時間ではなく、中心温度が68～72℃に到達した時点とすると管理がしやすい（ただし、3分～38秒後に冷却開始）。

図表7-6 加熱時の中心温度と時間

温度(℃)	時間(分)	温度(℃)	時間(分)
60	129	68	3
61	80	69	2
62	49	70	1
63	30	71	38(秒)
64	19	72	23(秒)
65	12	73	14(秒)
66	7	74	9(秒)
67	5	75	5(秒)

度）・時間の設定は多種多様である。また、一般的に、スモークハウスの加熱工程は、乾燥・スモーク・ボイルとなっているが、乾燥前に熟成工程を設けることが望ましい。この工程は、主として発色の促進と、急激な乾燥によるトラブルを防止するために行うものである。いずれにしても、加熱食肉製品の場合は、中心温度が63℃30分または同等以上の加熱殺菌を行わなければならない。また、加熱が終了した後は、表面のしわの防止や細菌の繁殖に適した温度帯を早く通過させるため、ただちに水などで冷却し、保管することも大切である。一般的な加熱工程の例を示すと図表7―5の通りである。なお、加熱食肉製品の加熱条件は、「中心温度が63℃30分またはこれと同等以上の効力を有する方法」とされているが、同等とは厚生労働省から図表7―6の通りの加熱条件であると発表されている。

(2) ボイル槽でのボロニアソーセージの加熱・冷却

ボイル槽で、ボロニアソーセージを加熱する場合は、ケーシングの太さによって、中心温度が予定温度（70℃前後）に達するまでの時間が異なることを知っておくことが必要である。ボイル槽での加熱温度は、充填後すぐ加熱する場合と、充填後冷蔵庫で保管しておいた場合とでは異なる。前者の場合、76～78℃設定でボイルを行ってもよいが、後者の場合はソーセージの温度が下がっており（冷蔵庫の温度に近い）、急激に温度を上げると身割れを起こすので、60℃前後の設定で約30分～1時間加熱してから設定温度を76～78℃に上げて中心温度が予定温度に達するまで加熱する。中心温度が予定温度に達したら、ただちに氷水に浸し、

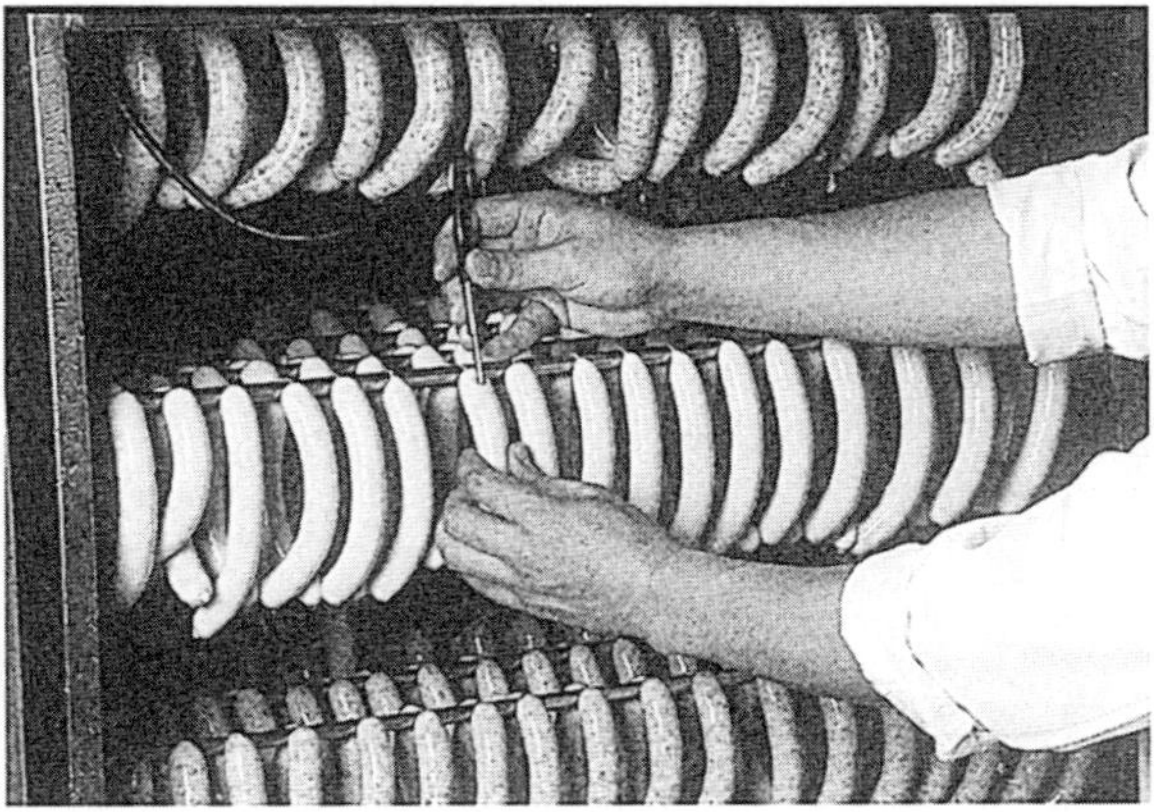

写真7-10 中心温度計のセット作業

冷却を行う。加熱前後に冷蔵庫で長時間保管する場合は、変形しないように、台車等に吊しておく必要がある。

8 加熱・冷却作業

(1) スモークハウスによる加熱・冷却作業

①腸詰めソーセージ類のシャワー洗浄

天然ケーシング（羊腸・豚腸）詰めの場合は、加熱前に水シャワーをかけ、ソーセージ表面（腸）に着いた練り肉などを取り除くとともに、表面の水分状態を均一にする。

②中心温度計のセット

中心温度計の先端がソーセージの中心になるように差し込みセットする（写真7—10）。長時間差し込んでいると、中心温度計のコードの重みなどにより、温度計がはずれたり、先端が中心からずれたりしてしまう場合もあるので、セット時は注意する。加熱中に何度もドアを開けてセット状態を確認できないので、庫内温度と中心温度の標示板を確認し、温度差が少ない場合は中心温度計が正確にセットされていないと判断すべきである。

③庫内温度・時間、状態の確認

熟成・乾燥・スモーク・ボイルの工程ごとに、全自動は別として庫内温度および時間を設定しダンパーを操作する。スモーク工程の前には、スモークジェネレーターの準備をしておく。各工程の終了時にはソーセージの状態を確認するが、とくに乾燥およびスモーク工程の確認は重要である。

最後に、中心温度計の標示板を確認するとともに、別の温度計で中心温度を計測することが望ましい。また、中心温度計が自動温度記録計に接続されていることが望ましい。

④冷却

中心温度の確認が終了したら、ただちに水シャワーなどで冷却する。シャワー装置が備わったスモークハウスであればそのままでよいが、そうでない場合は、スモークハウスから台車を出してシャワーをかける。シャワーによる冷却は、一定時間かけたままにするより、間欠にすると効果があるといわれている。また、冷却前に、50～60℃程度の湯をかけ、表面を洗い流してからシャワーをかける場合もある。

⑤冷蔵庫での冷却保管

シャワーによる冷却後、半製品冷蔵庫に保管する。この冷却から包装までの間がもっとも細菌に汚染されやすいので、十分にシャワーで冷却（10℃以下）してから保管すること、半製品冷蔵庫は常に衛生的にしておくことが大切である。

(2) ボイル槽による加熱・冷却作業

①ケーシングの洗浄

人工ケーシング（非透過性）に付着した練り肉を取り除き、ボイル槽を汚さないように洗浄する。

②ボイル槽の準備

ボイル槽は、加熱予定温度まで上げておく。

③ボイル槽での加熱

ボイル槽にボロニアソーセージを入れる場合は、カゴなどで太さ別にすると便利である。

④冷却

太さ別に中心温度の確認が終了したら、ただちに冷水に浸し冷却する。

⑤冷蔵庫での冷却保管

冷却後は、ボロニアソーセージが変形しないように、台車に吊して冷却保管する。

八、プレスハムの製法

1　原料等配合

プレスハムは、当初ハム類の塩漬肉の二次整形肉を原料として、現在のハム類と同じ製法で製造されたものといわれており、わが国独特のものである。原料肉の配合も時代とともに変遷し、生産量も激減してきているが、プレスハムとして生き残っている製品の原料は、豚肉だけを使用したものが多いようである。

プレスハムの原料肉は、先に示した原料仕分けで示すと豚赤肉1または2を使用する。一つの肉塊の大きさは、品質表示基準によると10ｇ以上とされている。これ以下の小さな肉塊を使用した場合はチョップドハムとなる。

プレスハムの製法には2種類あり、肉塊だけを練り合わせて製品にする場合と、肉塊につなぎ（エマルジョンソーセージプレートなど）を数％～20％以下混合して練り合わせる場合があるが、ここでは前者の製造法を紹介する。

食塩・糖類・添加物および香辛料の配合については、ソーセージとほぼ同様の考え方で問題はない。なお、プレスハム製造時に氷水を多少添加する場合もあるが、一般的には加えない場合が多い。

2　塩漬方法

プレスハムの塩漬は、乾塩法で行う。少量の場合はバット等で、多い場合はミキサー等で、ソーセージ同様原料肉に食塩・発色剤を混合し、シートを被せ、塩漬冷蔵庫（2～5℃）で3～5日間程度保管する。

3　練り合わせ（ミキシング）

(1) 原料等の準備

プレスハムの練り合わせはあらびきタイプソーセージプレートのミキシングと同様の手順で行うが、冷水は使用しないので、ミキサーの冷却や塩漬肉の温度（2℃以下）を必ず確認する。

(2) 練り合わせ

添加物、砂糖、香辛料等を塩化ビニール袋などでよく混合し、ミキサーに投入する（写真8―1）。あらびきソーセージ同様、真空装置が付

写真8-1 練り合わせ作業

いたミキサーを使用するのが理想的である。肉塊の粘りがでるまで10～15分程度練り合わせを行う。つなぎを使用する場合、塩漬肉とともに投入し、練り合わせを行う。

4　充填・結さつ

(1) 原料等の準備

プレスハムの充填準備は、ソーセージの人工ケーシング同様である。ケーシングの種類としては、透過性のあるファイブラスケーシングを用いる。商品によっては、非透過性のケーシングに充填する場合もある。

(2) 充填・結さつ

充填、結さつの方法は、ソーセージの人工ケーシングの要領とほぼ同様である。ケーシングがファイブラスケーシングであるので、空気の混入があった場合は、針などで空気を抜く。結着をよくするため、固く充填、結さつする。

5　竿掛け・台車掛け

結さつしたプレスハムは、竿に等間隔に掛け、竿間が均等になるよう台車に並べる。

6　加熱・冷却方法

スモークハウスによるプレスハムの加熱条件は、ケーシングの太さ、一回の量、スモークハウスの能力・機能、スモークジェネレーターの方式等によって異なるので、ソーセージ同様庫内設定温度

（湿度）、時間の設定は多種多様である。加熱食肉製品の場合は、中心温度が63℃30分または同等以上の加熱殺菌を行わなければならない。加熱終了後は速やかに冷却することも大切である。一般的な加熱工程は時間を除きソーセージとほぼ同様であるが、水を添加しないために、比較的短時間で乾燥が完了し、スモークが強くかかる傾向にあるので注意を要する。一般的な例を示すと図表8－1の通りである。なお、非透過性のケーシングに充填した場合は、ボロニアソーセージのボイル槽による加熱と同様である。

7 スモークハウスによる加熱・冷却、保管作業

プレスハムの加熱・冷却作業は加熱時間を除

図表8-1 プレスハムの加熱工程例

	庫内設定温度	時間	ダンパーの開閉	ファンのスピード
熟　成	55℃前後	30分前後	排気　閉・吸気　閉	低速
乾　燥	55～60℃	60分前後	排気　開・吸気　開	高速
スモーク	65℃前後	10～40分	排気1/4・吸気　スモーク	高速または低速
ボイル	75℃前後	60～90分	排気　閉・吸気　閉	高速
冷　却	シャワー	30～60分		

注　：ボイル終了は、時間ではなく、中心温度が68～72℃に到達した時点とすると管理がしやすい（ただし、3分～38秒後に冷却開始）。

き腸詰めソーセージとほぼ同様であるので、詳細は前述のソーセージの項を参照。

(1) 洗浄

ファイブラスケーシングに付着した練り肉を洗い落とし、表面の水分状態を均一にする。

(2) 中心温度計のセット

中心温度計の先端がプレスハムの中心になるようにセットする。

(3) 庫内温度・時間、状態の確認

熟成・乾燥・スモーク・ボイルの工程ごとに庫内温度および時間を設定し、ダンパーなどを操作する。各工程の終了時には製品の状態を確認する。中心温度が予定温度に達したら、中心温度を再確認する。

(4) 冷却、冷蔵庫での保管

中心温度の確認が終了したら、ただちに水シャワーなどで冷却し、十分冷却した後、半製品冷蔵庫で保管する。

九、ハム類の製法

1　原料選定

ハム類には、ロースハム、ショルダーハム、ベリーハム、ボンレスハム、骨付きハムおよびラックスハム（生ハム）などがあるが、ここではラックスハムを除くハム類の製造について紹介する。ハム類の品名は、先にも示したように、ロース肉を原料として製造したものがロースハムであり、かた肉はショルダーハム、ばら肉はベリーハム、もも肉はボンレスハム、骨付きもも肉は骨付きハムとなる。これらの製造方法は、骨付きハムを除きほぼ同様である。

ハム類の原料肉の品質は、そのまま製品の品質に反映されるので、ソーセージ類の原料以上に吟味する必要がある。原料肉選定に当たっては、肉色および脂肪の色、肉質に注意し、一般的にいわれるPSE〔Pale（肉の断面の色が淡く）、Soft（やわらかすぎ）、Exudative（しまりがなく水っぽい）〕肉やDFD〔Dark（肉色が赤黒くて濃く）、Firm（堅く）、Dry（断面が乾燥した）〕肉などの異常肉、軟脂豚等不適切なものを仕入れないようにする。また、原料肉仕入れの現実的な内容としては、品質が均一化されていることや低価格であること、原料処理の歩留りが高いこと、微生物による汚染が少ないものなどの条件が考えられる。国産肉にこだわりをもって製造している工場は別として、以上のことを総合的に見ると、原料肉の依存度は残念ながら輸入肉のほうが高くなってきている。また、消費者の健康志向の高まりにより、脂肪が敬遠される傾向にあるので、筋間脂肪が薄いもの（とくにばら肉）を仕入れることや、表面脂肪をかなり整形しなければならなくなってきている。

2 塩漬

(1) 塩漬・塩漬剤

ハム類の塩漬は、保存性・防腐効果を高めるばかりでなく、肉色を固定させ、保水性・結着性を向上させ、さらにハム類特有の風味を与える作用をもっているので、製品の品質に大きな影響を与え、製造上もっとも重要な工程である。

塩漬に用いられる材料を総称して塩漬剤と呼ぶが、ハム類の塩漬剤は、食塩、発色剤（亜硝酸塩、硝酸塩）、結着補強剤（重合りん酸塩）、酸化防止剤（アスコルビン酸Naなどの発色助剤）、砂糖、調味料、香辛料（主に抽出液）などが用いられる。ソーセージの塩漬には亜硝酸塩だけを用いる場合が多いが、ハム類は塩漬期間が長いため、硝酸塩を併用するのが一般的である。これは、硝酸塩が塩漬中に還元されて亜硝酸塩となり発色効果を高めるためである。以上の塩漬剤だけを配合したものや、結着材料（異種たん白など）を含んで配合された配合塩漬剤も市販されており、仕様書に従って水に溶かすだけで使用できるものもある。

塩漬方法としては、ハム類の場合、通常湿塩法が用いられており、塩漬液（ピックル液）を作成し、ピックル液に原料肉をそのまま長期間漬け込む方法（静置塩漬）がある。また、ピックル液を原料に注入（ピックルインジェクション）

して塩漬する場合と、注入後タンブラーなどによってマッサージを行い、塩漬期間を短縮する方法もある。ピックル液製造後長時間経過したもので塩漬すると、亜硝酸が還元されてしまい、発色等に問題が出るので、塩漬の直前に調整する必要がある。ピックル液の原料肉に対する注入量は、ピックル液の内容によっても異なるが、結着材料を含まない場合は10～15％程度までである。ピックル液の製造量は、注入率や塩漬容器によっても異なるが、原料肉重量の40～50％程度である。ピックルス液の配合はさまざまであるが、製品の味を確認し、徐々に修正することが良いと考える。ただし、食塩の種類を精製塩から岩塩に変えるときは試作をすべきである。塩漬期間14日程度である場合の配合例および計算例を示すと図表9―1の通りである。市販の塩漬剤もあるので、仕様書に従って使用することもある。

(2) 塩漬方法

①乾塩法

ハム類の塩漬で乾塩法は少ないが、骨付きハムを製造するときには、塩漬期間が約4週間と長いため、肉表面の細菌を抑制し、肉魂中に残存している血液を除去するため、原料重量に対して食塩3％程度、発色剤（亜硝酸Naで0・01％程度）をよく混合し、表面によくすり込む。ドリップが出やすいように斜めにして、軽い重石を乗せて2～3℃の冷蔵庫で2日間放置する。これは正確にいうと「血絞り」という工程となるが、この工程の後洗浄し、湿塩法により塩漬を行う。

図表9-1 ピックル液と香辛料抽出液の配合例

〔ピックル液〕　　（%はピックル液製造量に対する割合）

食塩(精製塩)	7.5%	7.5(kg)
発色剤	0.2%(ニュー硝素)	0.2
砂糖	3.0%	3.0
化学調味料	0.4%(グルタミン酸Na)	0.4
酸化防止剤	0.2%(L−アスコルビン酸Na)	0.2
結着補強剤	0.6%(ポリゴンC)	0.6
香辛料抽出液	10.0%	10.0

注　：原料肉重量200kg、ピックル液製造量100kgとする。

〔香辛料抽出液〕　（%は香辛料抽出液製造量に対する割合、すべてホール）

グリーンペッパー	1.5%	150 (g)
セージ	0.5%	50
タイム	1.0%	100
マジョラム	1.0%	100
ブラックペッパー	1.0%	100
ローレル	1.0%	100

写真9-1 ピックル液の製造

②湿塩法（ピックル法）

〔ピックル液の製造〕

1) 原料肉重量からピックル液の製造量（原料肉重量の40～50％）を決定し、配合割合に従って食塩、発色剤、砂糖、化学調味料の重量を計算し、定量の水に入れ、加熱する（写真9—1）。

2) ホールの香辛料を布で包み、水から約20分程度煮出しを行う。沸騰したら、中火に調整する。加熱中に水の量が減るので、水の状態で配合予定重量の1・3倍程度の抽出液を作成する。

3) 食塩等の入った液1)を冷却の後、結着補強剤、酸化防止剤を入れ、溶かし込む。

4) 3)の液に冷却した香辛料抽出液2)を配合割合に従って計量し、混合する。

5) ボーメ計（比重計）で比重（10～12度）を確認し、塩濃度を調整する。ピックル液はよく冷却して使用する。

〔ピックル液の注入〕（ピックルインジェクション）

1) 自動ピックルインジェクター（多針）

製造量が多い場合、自動のピックルインジェクターを使用して原料肉重量の10～15％程度を注入する。注入は必ず注入前後の重量を計量し、注入率を確認する。注入量は、ポンプの圧力やベルトのスピードで調整を行う。ピックルインジェクターは、使用前後に洗浄（消毒）を徹底して行わなければならない。

2) 手動式ピックルインジェクター（1～3本針）

骨付きハムや生産量が少ない場合には、手動式のピックルインジェクターを使用してインジェクションを行う。骨付きハムの場合は、下腿骨や大腿骨の周囲、肉の厚みがある中央部、脂肪側に多めに注入する。ロースハムやボンレスハムの場合は、ピックル液が均等になるように注入する。ピックル注入率は原料肉重量の10～15％程度までとする。自動ピックルインジェクター同様、器具を使用前後に洗浄（消毒）を徹底して行わなければならない。

〔塩漬肉の保管および漬け替え〕

1）塩漬けする肉を、タンブラーなどにかけずに、ピックル液とともに塩漬することを静置塩漬という。この場合、塩漬する肉を塩漬容器に並べ、肉の間にもピックル液が十分まわるようにして、ピックル液を全量塩漬容器に入れる。ピックルインジェクションをした場合も、塩漬する肉を塩漬容器に並べ注入後の残りのピックル液（カバーピックルという）を入れる。このときに、ローレル（月桂樹）などを追加することもある。

2）シート（塩化ビニールなど）で塩漬容器の上を覆い、押しぶたをかぶせ、その上に重石等を乗せ、3～4℃程度の冷蔵庫で一定期間（10～14日間程度）塩漬保管する（写真9―2）。

3）塩漬期間中、肉魂が小さく塩漬期間が短い場合は3日に1回程度、骨付きハムのように塩漬期間が長い場合には6日に1回程度、漬け替え（天地返しともいわれる）を行う。漬け替えとは、塩漬容器の上の部分から塩漬肉を順番に取り出し、ピックル液を撹拌して上にあった塩漬肉を下にして順番に容器にもどし、2)の状態にして再び塩漬保管することである。この作業は、静置塩漬の場合、製品の塩分濃度等を均一にするためには欠かせない作業で

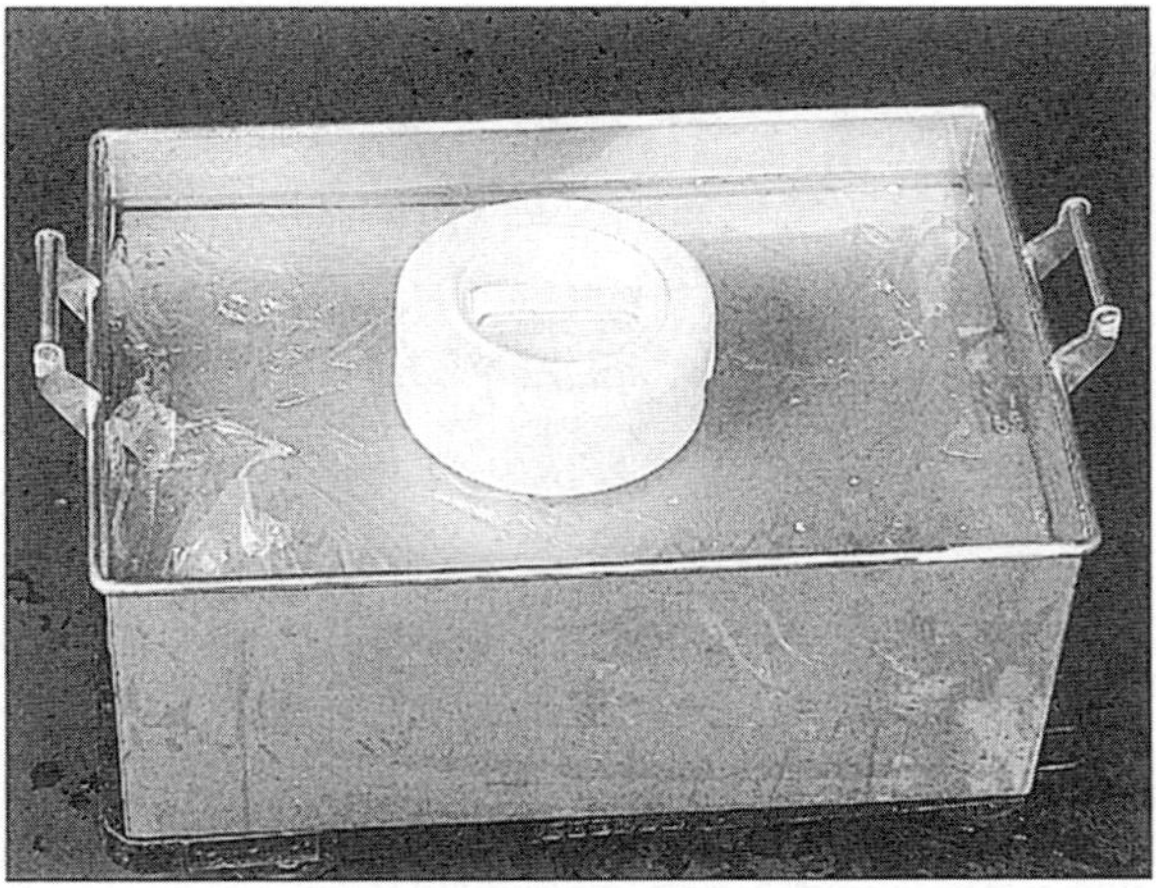

写真9-2 塩漬肉の保管

ある。

3　充填前処理

(1) 塩出し・水洗い

原料肉の塩分を調整し、塩漬時に入れたローレルなどの香辛料や異物を洗い流すため、一定時間水に浸したり、水洗いを行ったりする。この工程は塩抜きまたは水漬けともいわれる。塩出しは、塩漬容器から別の容器に移し替え、流水または溜め水で行う。塩出しの時間は、ピックル液の塩濃度、塩漬期間、原料肉の大きさおよび水の温度等によって異なる。塩出し時の水温は、高ければ時間短縮できるが、細菌汚染や結着力の低下にもつながるので、10℃以下が望ましい。ピックル液の塩濃度が塩出しを行わなくてもよい程度の濃度であっても、流水による水洗いは必ず行う。

(2) 二次整形

塩漬時にロース肉を分割していない場合は、販売時の大きさに合わせて、3~5本に分割する。軟骨、血管等の残りを再確認し除去するとともに、脂肪の厚さを再度確認し整形する。ロースハムの場合は、ロース芯（背最長筋）とばら先（肋間筋等）の間を充填資材に合わせて再整形する。

4 充填・巻き締め・結さつ

(1) 人工ケーシングによる充填・結さつ

①ハム用人工ケーシング

ロースハム、ボンレスハムなどの多くは人工ケーシングに充填される。人工ケーシングは、セルロース系のファイブラスケーシングとコラーゲン系のナチュリンケーシングがある。ケーシングはロール状のものと、懸垂用ひもがついているものがある。また、先端に空気抜き穴や、一定間隔で穴を空けたものなどがある。

②充填準備

ロール状のファイブラスケーシングの場合は、ケーシングを適当な長さに切り、竿に掛けるため片方にひもをつける（七、ソーセージ類の製法 6 人工ケーシングの項を参照）。長さは、原料肉の長さに合わせるのではなく、結さつ機を使用するときのことも考慮する。ケーシングは、充填前にぬるま湯（40~50℃）に10分間程度浸け柔らかくして使用する。

③充填

手動式の単身品充填器（わにぐち）や機械によって塩漬肉をファイブラスケーシングなどに充填する。ケーシングのサイズは、充填する原料肉の外周よりやや小さめ（細い）のものを使用する。太すぎると、しまりが悪くなったり、結さつ時に強く締めると塩漬肉が変形したりしてしまう。また、細すぎると、充填時にケーシングが破れてしまいロスが多くなってしまう。充填方法は、わにぐちの先端にケーシングをセットし、ケーシングをしっかり押さえて塩漬肉を押し込み充填する（写真9―3）。

④結さつ

ケーシングに充填後、綿糸によってソーセー

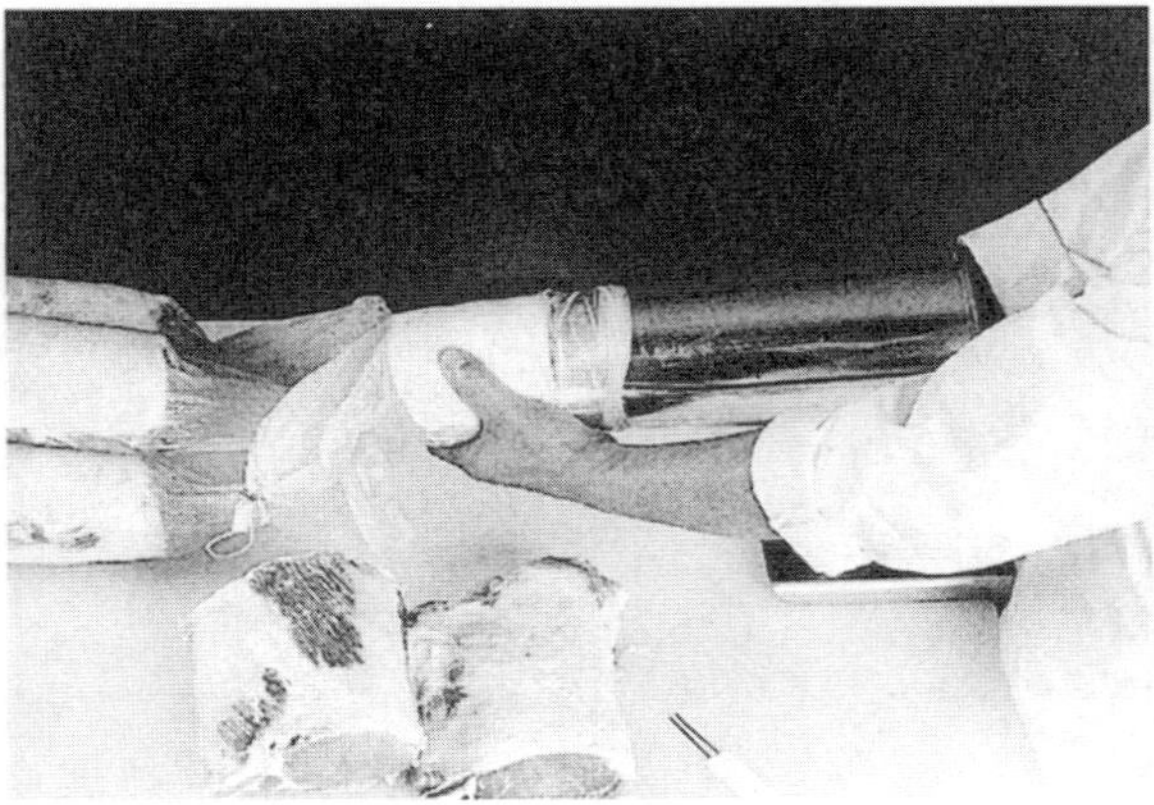

写真9-3 充填作業

ジの人工ケーシングと同様に結さつするか、結さつ機（プレスタイなど）によってクリップで結さつする（写真9—4）。結さつは十分な圧力をかけ、固く締め付け、ケーシング内の空気、たまったピックル液をアルコールなどで消毒した針で抜く。なお、結さつ機を使用する際は、危険をともなうので十分注意する。

(2) ネット詰め

ハム類の充填は、綿糸等のネットに詰める場合も多くなってきている。ネットは、網目の形・大きさ、糸の太さや素材も数多くの種類がある。ネット詰めの場合は、ネットのまま包装することが多いので、商品の差別化ということにもつながっている。充填の固さについては人工ケーシングほど締められないが、作業効率面では人

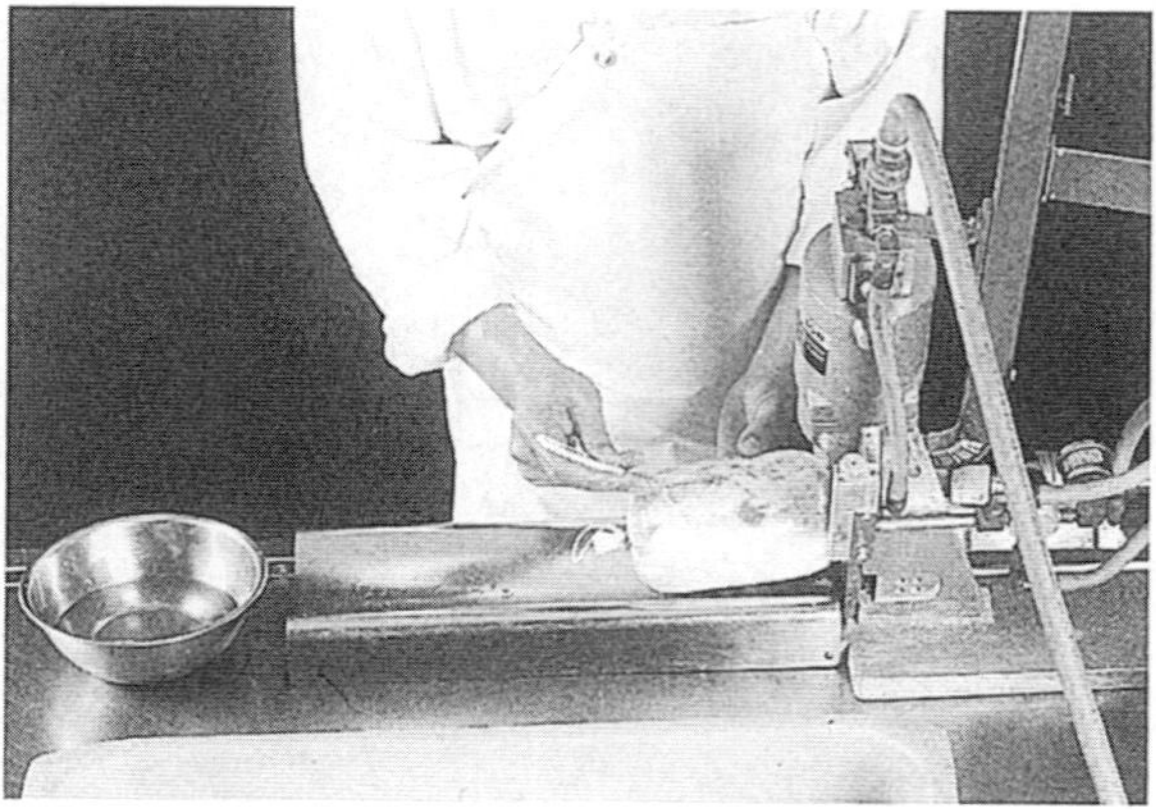

写真9-4 プレスタイによる結さつ作業

エケーシングよりはよい。

①**充填**

単身品充填器（わにぐち）にネットをセットし、塩漬肉を押し込んで充填する（写真9―5）。ネットは一定の長さに切って使用する場合と、ある程度の長さをわにぐちにセットし、間隔を空けて連続して充填する場合がある。塩漬肉がネットに入った時点で、原料肉とネットを一緒に引き出す。わにぐちの先端を強く押さえたまま充填すると、ネットが片寄ってしまい見た目が悪くなってしまう。

②**結さつ**

手動式結さつ機で、片側または両端にクリップ止めをする。ある程度ネットを締めて結さつ

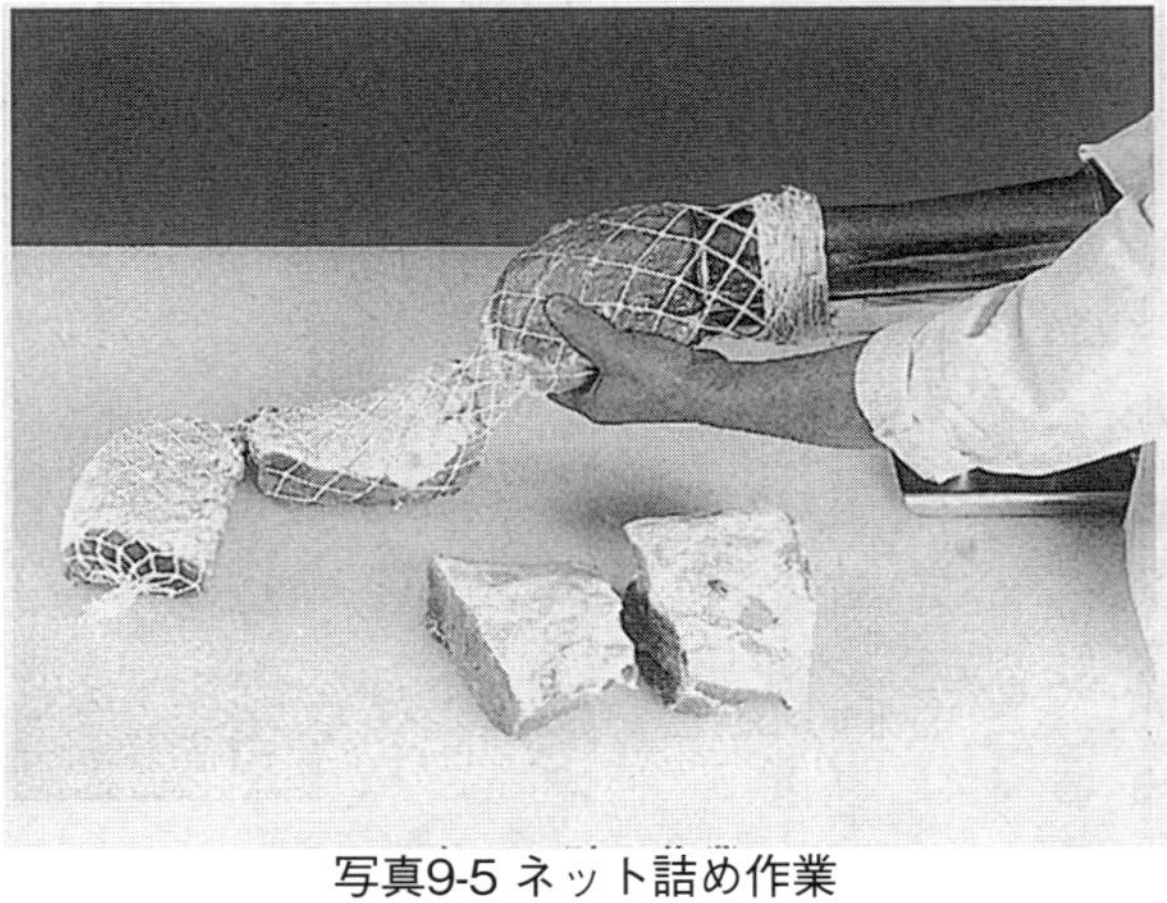

写真9-5 ネット詰め作業

するが、あまり強すぎると、両端のネットが肉に食い込んでしまうので注意する。

(3) 布巻き

①布巻きに用いる資材および塩漬肉

ロースハムや大型ボンレスハムの布巻きは、日本の伝統的な巻締め方法である。資材としては、透過性があるセロファン、木綿の布、綿糸（みみしばり用25号、巻締め用50号程度）を用いる。布や糸は再利用されることもある。ロースハムの場合、塩漬肉は、ロース芯（背最長筋）と肋間筋の間の脂肪を整形し、手で巻いても隙間なく円形になり、太さも均等にしておく。

②布巻きの方法

1) セロファン巻き

整形された塩漬肉をセロファンで固く巻き、両端をねじっておく。

2) 布巻き・みみしばり

セロファンで巻いた塩漬肉を布で固く巻き、両端を25号程度の綿糸で固く縛る（写真9—6）。

③巻締め

巻締め用の綿糸（50号）の先端に輪を作り、反対側を輪に通して布を巻き始める。巻締め時の持ち方は、左指で糸を緩まないように押さえ、右手には軍手等を2枚程度重ね、巻締め糸を一～二重に巻いて巻締めする。最初はあまり力をいれずに巻締め、巻締め糸が等間隔になるようにして、徐々に強く巻締める。最後は二重に巻いて、巻締め糸をそれにいったん結ぶ。次に、縦方向に巻締め糸を通し、懸垂するために輪を作り完成となる。

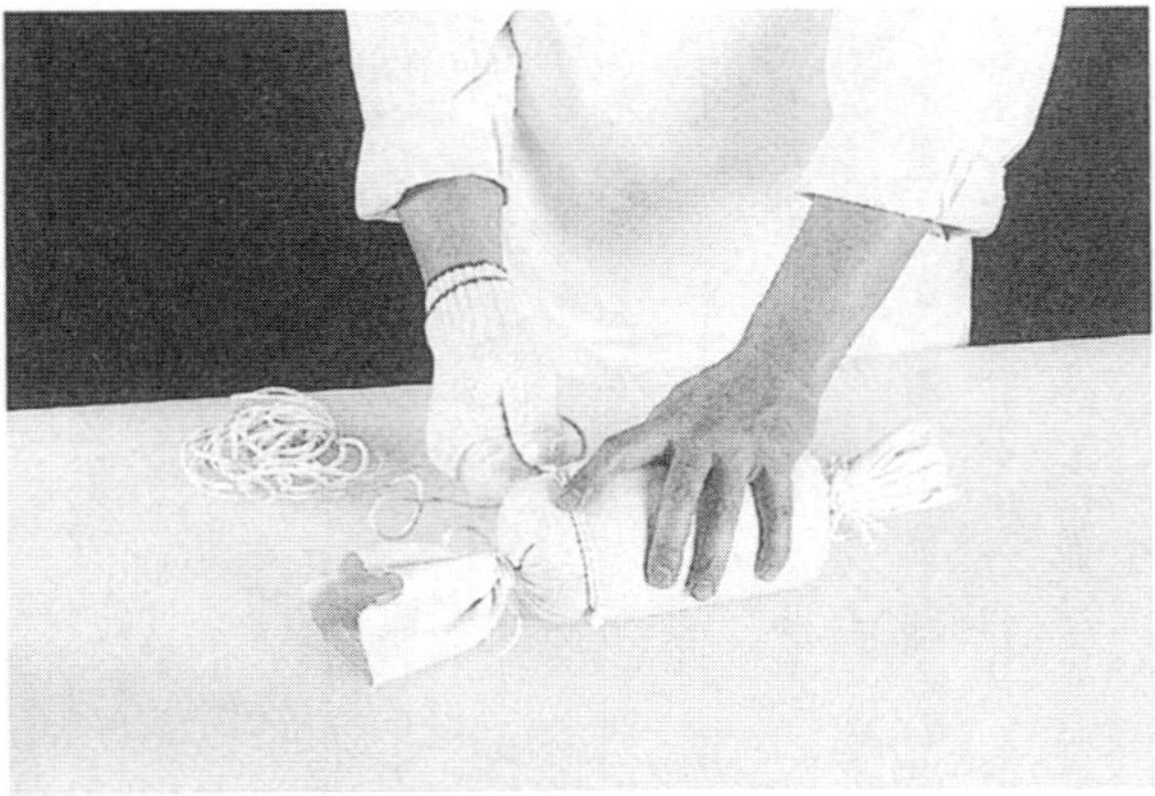

写真9-6 布巻き作業

この巻締めで製品の形が決まるので、形を整えながら巻締めることが大切である。

(4) リティーナー詰め

大型ボンレスハムの場合は、リティーナーにセロファンを敷いて、もも肉を詰めセロファンを被せてふたを強く締める。

(5) その他

骨付きハムの場合は、50号の綿糸を二重にして、アキレス腱の内側を通し、下腿骨の足根骨側をしっかり結ぶ。ロースハムやベリーハムの場合は、塩漬肉に布巻きと同様の方法で、直接綿糸を巻く方法もある。

5　竿掛け・台車掛け

(1) ケーシングの洗浄

ファイブラスケーシングに充填した場合は、表面に付いたピックル液を洗い流し、ケーシングの表面の水分状態も一定にする。

(2) 竿掛け・台車掛け

充填したハム類を竿に適切な間隔で並べ、竿間も適切な間隔を空け台車に掛ける（写真9－7）。ファイブラスケーシング充填や布巻きの場合は、通常竿にかける。ネット詰めの場合は、竿にネットの一部を通して掛けたり、台車に網をセットしたりしてその上に並べることもある。

写真9-7 竿掛け・台車掛け作業

6　加熱・冷却方法

ハム類の加熱・冷却は、充填資材によって異なり、ファイブラスケーシングはスモークハウスで、熟成、乾燥、スモーク、ボイル、冷却まで行う。布巻きの場合は、熟成、乾燥は自動のスモークハウス、スモークは直下式のスモークハウス、ボイルはボイル槽で行うという場合もある。リティーナー詰めの場合はボイル槽が使用される場合が多い。このように、加熱工程において使用する機器の組み合わせはさまざまである。ハム類は、品質表示基準によると、スモークをかけてもかけなくてもよいことになっているが、ここではスモークをかける工程を含むこととする。

ハム類は、腸詰めソーセージに比べると太くなるため、長時間の加熱工程となり、場合によっては、乾燥・スモークの工程を数回繰り返し、徐々に室温も上げるという方法をとる場合もある。また、スモーク工程を長時間取る場合は、加熱による歩留りや肉質の低下を防ぐため、加湿装置が付いている機種が望ましい。

この加熱方法はハム類ばかりでなく、ほぼ同じ太さに詰められたファイブラスケーシング充填ソーセージ類も同様の加熱とする。スモークハウスでの加熱は、ほぼ同じ太さのものを入れることが原則である。異なった太さのハムを一度に入れる場合は、もっとも細いハムに中心温度計を差し込んでおき、その中心温度が予定温度に達したときに取り出し冷却し、次に細いハムに中心温度計を差すという作業を繰り返さな

図表9-2 ハム類の加熱例

	庫内設定温度	時間	ダンパーの開閉	ファンのスピード
熟　成	55℃前後	30分前後	排気　閉・吸気　閉	低速
乾　燥	55～60℃	3時間前後	排気　開・吸気　開	高速
スモーク	65℃前後	20～80分	排気1/4・吸気　スモーク	高速または低速
乾　燥	70℃前後	20分前後	排気　開・吸気　開	高速
スモーク	73℃前後	10～40分	排気1/4・吸気　スモーク	高速または低速
ボイル	75℃前後	2時間程度	排気　閉・吸気　閉	高速
冷　却	シャワー	1時間程度		

注　：加熱終了は、中心温度が68～72℃に到達した時点とすると管理がしやすい（ただし、3分～38秒後に冷却開始）。

ければならない。加熱はスモークハウスの機種やスモークジェネレーターの方式によってかなり異なるが、一般的なハム類の加熱例を示すと図表9―2の通りである。

7　加熱・冷却作業

(1)　スモークハウスによる加熱・冷却作業

①中心温度計のセット

台車に掛けられたハム類のケーシングの汚れ、水分の状態の均一性を確認し、中心温度計をアルコールで消毒してハムの中心に差し込む（写真9―8）。とくに全自動スモークハウスの場合は、中心温度がセットした値に到達と同時に次の工程、通常は冷却シャワーに移ってしまうので、中心温度計を差し忘れたり、ハムの表面近

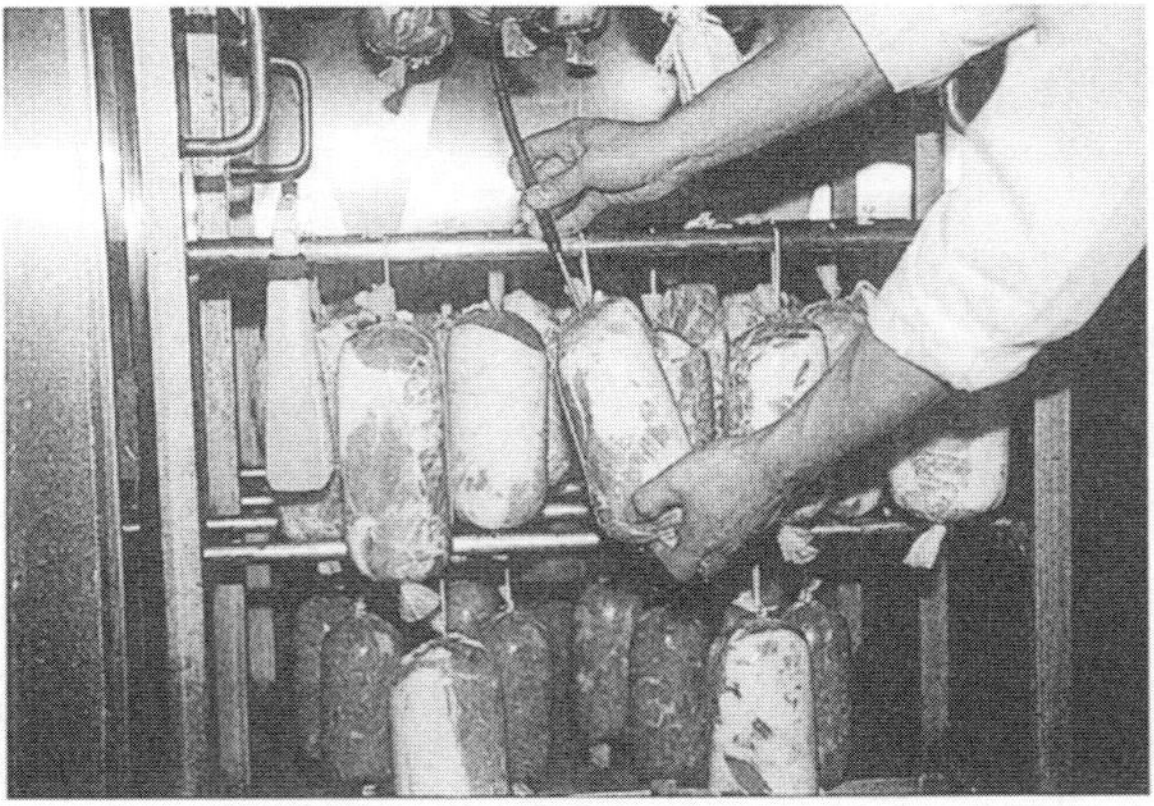
写真9-8 中心温度計のセット作業

くに中心温度計の先端が出たりしていると、加熱不十分となってしまうため注意を要する。

②庫内温度・時間、状態の確認

熟成・乾燥・スモーク・ボイルの工程ごとに庫内温度および時間を設定し、ダンパーを操作する。各工程の終了時には、ハムの状態を必ず確認する。全自動の場合は機械まかせとなるが、工程が変わるときには必ずこの確認作業を行う必要がある。ハム類の加熱は長時間に及ぶので、室温（湿度）、中心温度は自動温度記録計に接続されていることも必要である。

③冷却

予定の中心温度に達したら、水シャワーにより冷却を行う。シャワーによる冷却は、間欠方式とすると効果的である。

④冷蔵庫での冷却保管

シャワーによる冷却後、半製品冷蔵庫で保管する。冷却から包装するまでの間がもっとも細菌に汚染されやすいので、十分冷却してから保管すること、半製品冷蔵庫は常に衛生的にしておくことが大切である。

(2) ボイル槽による加熱・冷却作業

①ボイル槽での加熱

布巻きの場合は、スモークハウスによるスモーク工程終了後、リティーナー詰めはただちにボイル槽で加熱する。ボイル槽の温度は、70℃程度に設定しておき、1時間ほどしてから、75～60℃程度に設定を上げる。設定温度を確認するとともに、その設定温度が保たれているかどうかも常にチェックする必要がある。リティーナー詰めはそのままボイル槽に入れるだけであるが、布巻きの場合は、竿のままボイル槽に掛け替えるか、かごなどに入れて加熱する。予定の温度に達したかどうかを中心温度計で必ず確認する。

②冷却・保管

加熱が終了したら、シャワーなどで冷却し、布巻きの場合は台車に掛け替えて、人工ケーシング同様、半製品冷蔵庫で保管する。

一〇、ベーコン類の製法

1　原料選定

ベーコン類には、ベーコン、ロースベーコン、ショルダーベーコンなどがあり、品名は、先にも示したように、ばら肉を原料として製造したものがベーコンであり、ロース肉はロースベーコンであり、かた肉はショルダーベーコンである。これらの製造方法は多少の違いはあるが、ほぼ同様である。

ベーコン類の原料肉の品質は、ハム類同様ほぼそのまま製品の品質に反映されるので、よく吟味する必要がある。原料肉選定に当たっての注意点はハム類と同様であるが、とくにばら肉の場合は、脂肪の割合と質を重視すべきである。つまり、切断面の赤肉と脂肪の割合が適当で、筋間脂肪が均一であること、脂肪はやや硬めで、わずかにクリーム色であることが理想的である。また、ばら肉の厚み、重量が揃っていること、血ぱんがないことなども仕入れの重要な要素であるが、肋骨左右のナイフの深さもチェックする必要がある。ナイフが深いと、長時間の加熱中に肋間筋が垂れてしまったり、製品となったときに見栄えが非常に悪くなってしまう。

2　塩漬

(1)　塩漬・塩漬剤

ベーコン類の塩漬の目的はハム類と同様であり、製造上もっとも重要な工程である。塩漬に用いられる塩漬剤の種類は、ほかの食肉製品と比較するともっとも少ない。塩漬剤としては、食塩、発色剤（亜硝酸塩、硝酸塩）、酸化防止剤（発色助剤）、砂糖、調味料、香辛料（主に抽出液）などが用いられるが、食塩、発色剤、砂糖だけを使用する場合もある。これらの塩漬剤が配合された配合塩漬剤も市販されており、仕様書に従って使用することもできる。

塩漬方法としては、主として乾塩法が用いられるが、湿塩法の場合もある。湿塩法の場合は塩漬液（ピックル液）を作成し、ピックル液に原料肉をそのまま長期間漬け込む方法（静置塩漬）が取られ、結着材料を含んだピックル液の場合のみインジェクションを行う。乾塩法は、塩漬剤を直接原料肉に擦り込み、塩漬容器に積み重ねて保管するか、塩漬期間を短縮するために、真空パックして保管する場合もある。ここでは、結着材料を含まないベーコンの乾塩法での塩漬剤の例を紹介する（図表10―1参照）。湿塩法の場合のピックル液は、ハム類のピックル液とほぼ同様の場合が多い。

(2) 塩漬方法

①乾塩法

1）塩漬剤の配合・小分け

塩漬予定重量全体の食塩、発色剤等の塩漬剤を別々に計量し、塩化ビニールなどの袋を使用してよく配合する。塩漬する原料肉一枚一枚の重量を計量後、規定の割合に従った塩漬剤の重量を計算し、配合された塩漬剤を原料肉一枚一枚に合わせて再度計量する。

2）塩漬剤の擦り込み

計量された塩漬剤は、ばら肉の場合内面の肋間

図表10-1 乾塩法の配合例

（%は原料肉重量に対する割合）

乾塩法の配合1:	食塩	3.0%
	発色剤	0.1%（ニュー硝素）
	砂糖	2.0%
乾塩法の配合2:	食塩	3.0〜4.0%
	発色剤	0.1〜0.15%（ニュー硝素）
	砂糖	1.0〜2.0%
	化学調味料	0.1%程度（グルタミン酸Na）
	酸化防止剤	0.2%（L−アスコルビン酸Na）
	香辛料	0.5〜1.0%

筋付近、肋軟骨の跡（腹横筋の下）、4カ所の切断面、脂肪面によく擦り込む。脂肪面は塩漬剤が浸透しにくいので、ほかよりも多少多めに擦り込む。

3) 塩漬肉の保管および漬け替え

塩漬剤を擦り込んだら、衛生的な塩漬容器に積み重ねる。この際は、脂肪面と脂肪面、内面と内面が合うようにして隙間が空かないように積み重ね、シートなどで空気に触れないようにカバーしてふたを乗せ重石を乗せる。塩漬期間を短縮するために、塩漬剤を擦り込んだ肉を一枚または数枚を真空パックする場合もある。

塩漬肉は、2〜5℃前後の塩漬冷蔵庫で保管する。塩漬期間は塩濃度や保管の方法によっても異なるが、10日間〜2週間である。3〜4日間隔でハム類同様漬け替えを行う。

②湿塩法（ピックル法）

ベーコン類の湿塩法は、ピックル液を作成し、原料肉重量に対する規定量を使用してハム類と同様の方法で塩漬する。ただし、ベーコン類の場合はインジェクションを行わない。ベーコン類も塩漬時にローレルなどの香辛料を追加する場合もある。

ばら肉を塩漬容器に積み重ねる場合は、乾塩法と同様に内面と内面、脂肪面と脂肪面を合わせる。最初に積み重ねるときは、腹横筋の下や、ばら肉間にピックル液をかけ、ピックル液がばら肉全体にまわるように配慮する。

保管温度、塩漬期間および漬け替えは乾塩法とほぼ同様である。

3　ピン掛け前処理

(1) 塩出し、水洗い

原料肉の塩分を調整し、塩漬時に入れたローレルなどの香辛料や異物を洗い流すため、一定時間水に浸したり（塩出し）、水洗いを行ったりする。

塩出しは、ハム類と同様である。塩出しを必要としない塩漬剤の割合であったとしても、乾塩法で塩漬した場合は、流水または溜め水（常に交換する）で水洗いを必ず行い、表面の塩分濃度のムラをなくすことが重要である。

(2) 二次整形

軟骨、血管等の残りを再確認し除去するとともに、脂肪の厚さを再度確認し整形する。ばら肉の場合は、とくにロース切断面側の脂肪厚の確認や、腹側の乳腺や血管の除去は忘れずに行う。

(3) ピン掛け

二次整形の後、塩漬肉をベーコンピンなどに掛ける（写真10—1）。専用のベーコンピンがない場合は、細いS管や綿糸を塩漬肉に通す。ベーコンピンに板状の補強盤が付いている場合は、乾燥状態が不均一になることを避けるため、補強盤が肉に重ならないように注意してピンを掛ける。また、極端にはじに掛けたり部分的に掛けたりすると加熱が長時間となるため、ベーコンは変形し、商品ロスが多くなってしまうので注意する。

(4) 竿掛け・台車掛け

ピン掛けしたベーコンを竿に適切な間隔で並べ、

写真10-1 ピン掛け作業

竿の間隔も均等に台車に掛ける（写真10―2）。加熱時の乾燥、スモーク状態の確認が容易となるよう、手前のベーコンは内面と脂肪面が同時に見られるように掛ける。

この状態で一晩塩漬冷蔵庫に放置すると、表面の乾燥状態が均一になり、乾燥時間も短縮できる。

4 加熱・冷却方法

ベーコンの加熱・冷却工程で、ソーセージ、ハム類と異なるのは、スモーク工程で中心温度を上げることと、冷却は自然冷却であることである。ベーコンの加熱・冷却は、ほかの品目に比べ比較的単純であるので、乾燥工程は熟成も兼ねて10℃程度の自然乾燥12～16時間程度、スモークは直下式スモークハウスで5～8時間程度、中心温度

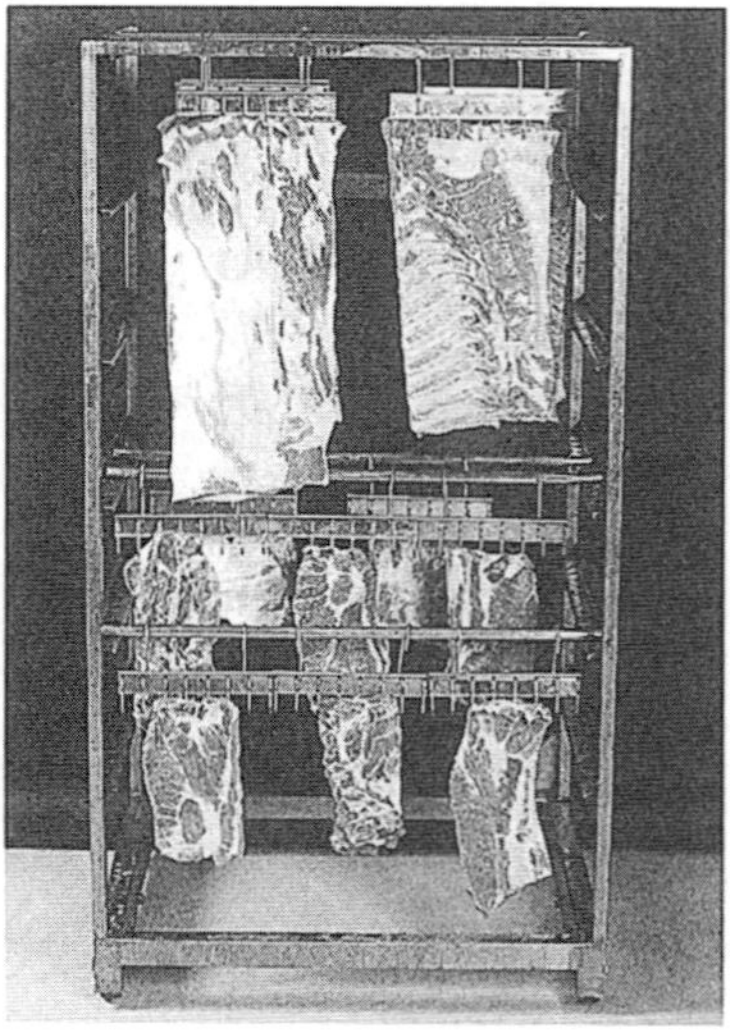

写真10-2 ピン掛け作業竿掛け・台車掛け作業

63℃30分間（または同等以上）、自然冷却という方法もある。しかし、乾燥時の温度や湿度が異なり、スモークの乗りぐあいがまちまちとなる場合も多い。ベーコンもスモークハウスを使用することが望ましい。とくに、原料肉の条件が合えば、特定加熱食肉製品を製造することも可能であるので、温度管理が正確にできる機種が望ましい。

ベーコンの加熱工程は、中心温度も重要であるが、いかにきれいなスモーク色を付けるかにかかっている。乾燥・スモークの工程を数回繰り返し、徐々に室温も上げるという方法も効果的である。また、乾燥・スモーク工程が長時間となり、加熱による歩留りや肉質の低下を防ぐため、加湿装置が付いている機種が望ましい。

加熱後は即冷却となるが、ベーコンの場合は水シャワーによる冷却を行わない場合がある。この間の塵埃や昆虫等による細菌汚染には十分配慮しなければならない。

一般的な加熱例は図表10―2の通りである。

5　スモークハウスによる加熱・冷却作業

(1) 乾燥状態の確認と中心温度計のセット

台車に掛けられたベーコンの乾燥状態は、台車が大きければ大きいほど最初と最後ではかなり異なってしまうので、とくにピン掛け当日に加熱する場合は、乾燥状態の均一性を確認する。中心温度計をアルコールなどで消毒し、塩漬肉のもっとも厚い部分の中心に差し込む。

図表10-2 ベーコンの加熱例

	庫内設定温度	時間	ダンパーの開閉	ファンのスピード
熟　成	50℃前後	30分前後	排気　閉・吸気　閉	低速
乾　燥	55〜60℃	3時間前後	排気　開・吸気　開	高速
スモーク	65℃前後	20〜80分	排気1/4・吸気　スモーク	高速または低速
乾　燥	70℃前後	30分前後	排気　開・吸気　開	高速
スモーク	73℃前後	60〜90分	排気1/4・吸気　スモーク	高速または低速
冷　却	自然冷却	1〜2時間		

注　：加熱終了は、スモークカラーの確認と、中心温度が68〜70℃に到達した時点とすると管理がしやすい（ただし、3分〜38秒後に冷却開始）。

(2) 庫内温度・時間、状態の確認

熟成・乾燥・スモークの工程ごとに庫内温度および時間を設定し、手動式の場合はダンパーを操作する。各工程の終了時には、ベーコンの状態を必ず確認する。とくにスモーク色の確認と、中心温度の到達度合いによって、設定温度を調整する必要がある。

(3) 冷却・保管

加熱終了後、風通しの良いところか、室温を下げて自然冷却する。塵埃や昆虫類による異物の付着や、細菌汚染には最大限の注意を払う。中心温度が10℃以下になったら、半製品冷蔵庫で保管する。

二、製品の包装

1　製品包装の留意点

食肉製品の多くは、缶詰やレトルト製品を除けば滅菌製品ではなく、残存する微生物の生育・繁殖抑制や、流通中の微生物等による二次汚染を防止しなければならない。このために、非透過性ケーシングの場合を除き二次包装資材を用いて包装を行う。包装の際には製品（半製品）、包装資材、包装機器、包装作業室や作業に従事する者の衛生に注意を払わなければならない。

近年の食肉製品は、クリーンルームを備えた工場でスライスパックされたものも多いが、ここでは加熱食肉製品を中心とした簡易的な包装における留意点を述べることにする。

(1)　包装作業に従事する者の衛生管理

包装作業に従事する者は、衛生観念の徹底が必要であり、とくに服装のチェックが重要である。清潔な作業服は当然であるが、帽子（ネット付き）、マスク、使い捨て手袋、専用靴（長靴）を着用する。作業服は防塵服が理想的であるが、施設設備が整っていなければあまり意味がなく、それよりも包装室に入る際にいかに髪の毛や、ほこり、昆虫等が人間を介して持ち込まれないようにすべきかを考えるべきである。

(2)　包装作業室および包装機器

包装作業室は、NASA規格のクラス10000以下のクリーンルームが望ましいが、現実的には経費的な問題で設置ができないところが多いと思われる。この場合は、天井から、壁、床にほこりなどが付きにくい構造とすること、作業室の温度・湿度管理の徹底、作業開始前の消毒の徹底、作業終了後の洗浄消毒作業の徹底等ソフト面でのカバーが重要となる。また、包装室内にある真空包装機等の機器類の洗浄消毒も徹底すべきである。

(3) 包装資材の保管

納品時の包装資材の中は無菌状態と考えてよいが、問題は保管中の管理である。包装資材は、資材倉庫に保管されている場合が多いであろうが、資材倉庫は、ほこりや昆虫類等による異物の混入や、細菌汚染の可能性が高い。包装資材の保管場所は、ほかの資材とは別にして、ほこりや細菌による汚染を防止できる対策が取れるところにすべきである。

(4) 半製品の保管

先にも述べたように、加熱殺菌が終了した後にただちに冷却することとしていたが、この冷却から包装にいたるまでの保管状態がその製品の賞味期間に大きな影響を与える。つまり、加熱終了時点では製品の内部および表面は、63℃30分以上（または同等以上）の状態で加熱殺菌（一部芽胞形成菌を除き）されているが、シャワーなどによる冷却中または冷却後の半製品冷蔵庫での冷却保管中に表面が細菌等により二次汚染される場合がある。これを防止するためには、定期的な水質検査、半製品の移動中の壁等への接触、冷却・移動作業者による汚染防止、半製品冷蔵庫の洗浄消毒および温度管理、半製品冷蔵庫へ冷却不十分の半製品を入れないことなどに心がけなければならない。

また、包装中や包装後の製品表面の結露には注意が必要である。結露は大きな温度変化によって生じ、細菌の繁殖条件を整えてしまうことにつながるので、半製品冷蔵庫、包装室、製品保管冷蔵庫の連動した温度管理が重要である。

(5) 包装

包装作業は、単に製品を包装資材に詰めるだけではない。一般的に、包装という作業は、冷却後の製品の形を整え、包装資材に詰め、真空包装およびラベルの貼付を行うまでの作業を含んでおり、消費者にそのまま届く形となる最後の重要な作業である。

なお、包装作業をクリーンルーム以外の施設で行う場合は、真空包装後二次殺菌を行うべきである。包装時における細菌汚染に対して細心の注意を払っても、完璧ということはない。包装（二次包装）は、一次包装資材（天然腸、人工ケーシングなど）の外側と包装資材の間の細菌汚染を防ぐために行うものであるので、真空包装後、包装資材の材質に合わせた短時間（数秒から一分程度）の加熱（70～80℃）を行う。これを二次殺菌という。

2 包装作業

(1) 包装準備

作業者は、帽子（ネット付き）、マスク、使い捨て手袋、専用靴（長靴）を着用し、作業台および包装用具の洗浄状態を確認し、必ず消毒する（写真11―1）。また、作業中の移動を少なくする

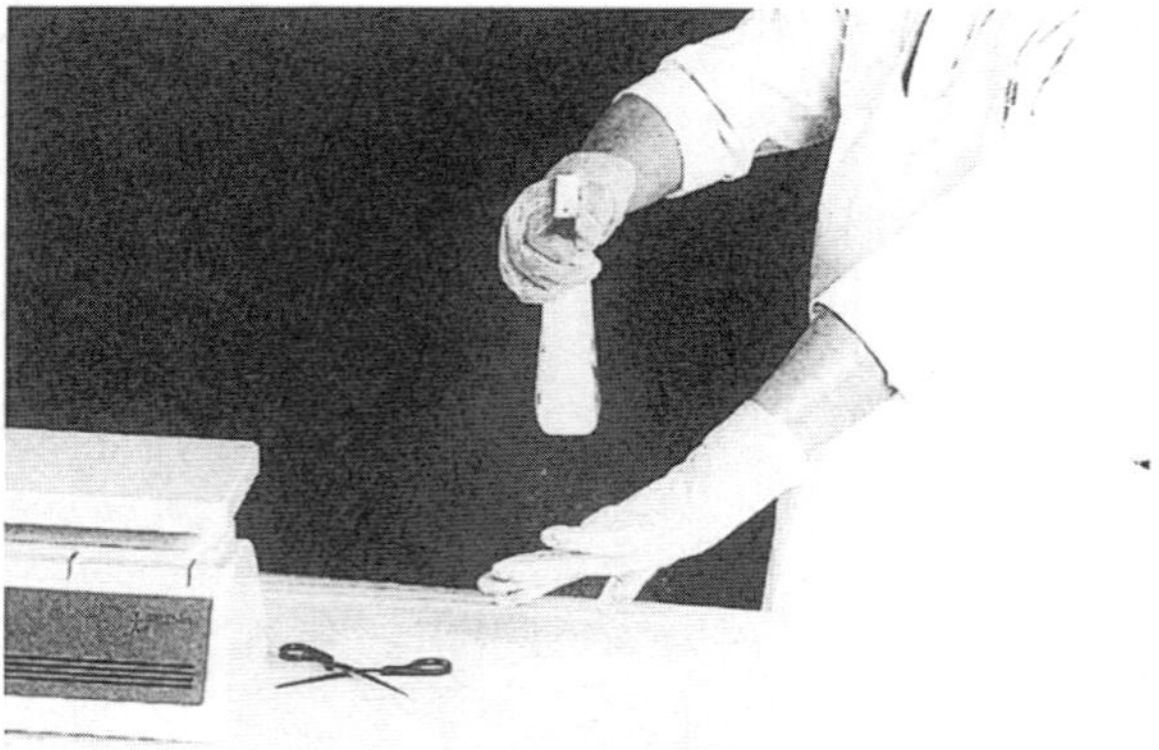

写真11-1 包装用具手袋の消毒

ため、必要な包装資材も揃えておく。消毒に用いるアルコールの濃度は70～75％程度がもっとも殺菌効果があるといわれている。また、作業中も定期的に作業台や包装用具および手袋の消毒を行う。

(2) 各製品の袋詰め作業

① ソーセージ類（ウインナーソーセージなど）

1) 切り離しと選別

腸詰めソーセージを一本一本切り離し、腸の結び目、両端から長く出ている腸等を切り、形を整える。同時に、太さや長さの同じものを揃え、不良品ははねる。

2) 袋詰め

一定重量で販売する（定貫販売）場合は、太さ・長さが揃った製品を規定重量計測し、不定貫の場合は決められた本数を揃えて袋詰めを行う

（写真11―2）。袋詰めを行うときは、見栄え良くていねいに並べる。

②ハム類（プレスハムを含む）

1）人工ケーシングの消毒

充填に人工ケーシング（大半はファイブラスケーシング）を使用した場合は、アルコール液に浸した使い捨てタオルなどを使用し、ケーシングを消毒する（写真11―3）。両端のクリップなどによる結さつ部分を切り落とす。

2）ネット詰め製品

ネット詰めの場合は、製品をアルコール噴霧によって消毒し、両端のネットを切り落とす。

3）布巻き製品の巻き替え

布巻きロースハムなどは、布にアルコールを噴霧し、綿糸および布を取る。セロファンがゼラチ

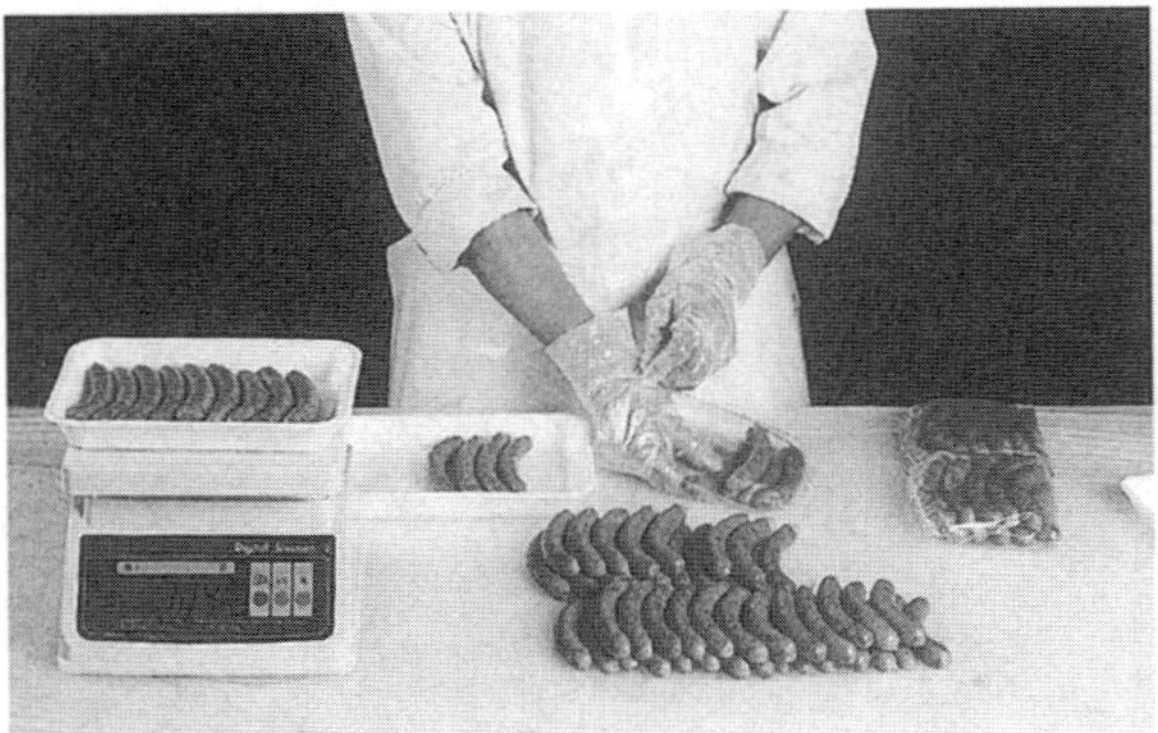

写真11-2 袋詰め作業

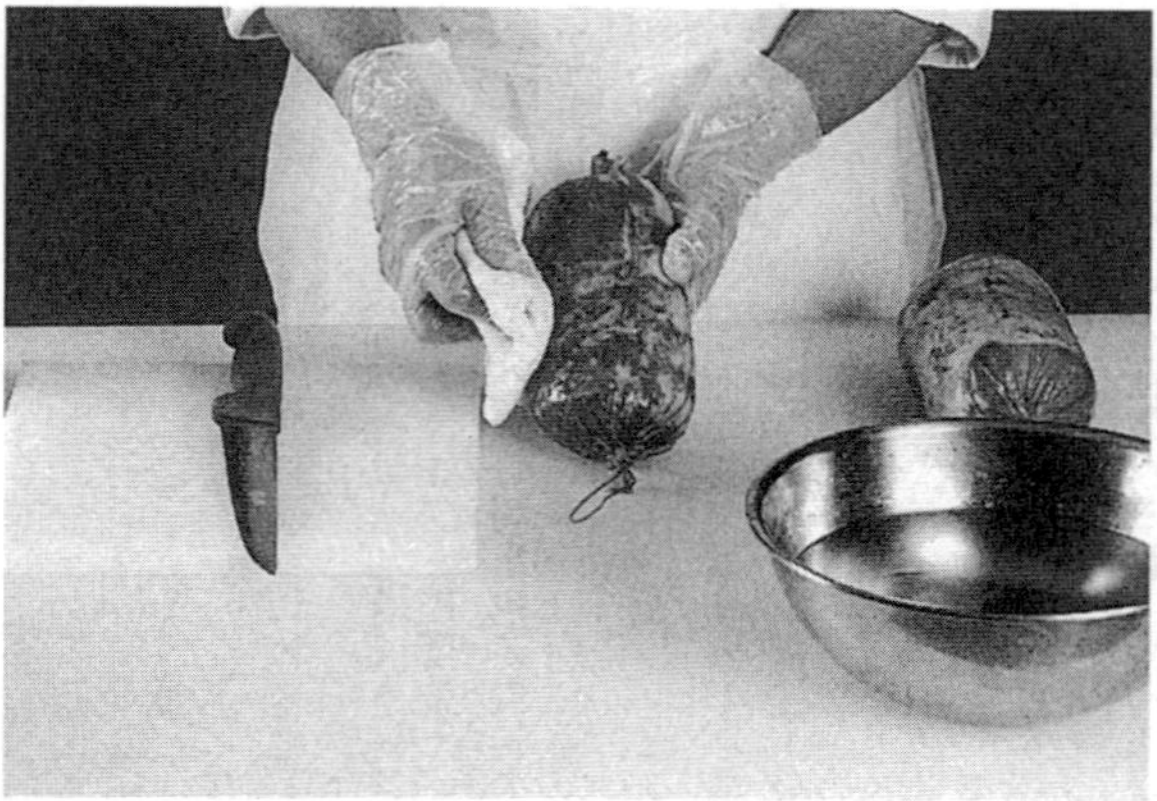

写真11-3 ケーシングの消毒作業

ンなどで多く濡れている場合は、セロファンを交換する。袋詰め前に再度新しい綿糸で巻く場合は、前の巻締めと同じ場所を巻くことも重要であるが、綿糸の細菌汚染には十分注意する。

4）袋詰め

袋詰めは、製品の大きさに合った包装資材を使用する。また、真空包装時のシール部分に脂肪等が付着すると、シール不良となる可能性が高いので、シールされる部分を折り返して袋詰めを行う。

③ベーコン類

1）販売に適した重量に切る

ベーコンピンをはずし、両端を整え販売予定重量に合わせてカットする。

2）袋詰め

ハム類と同様、包装資材への脂肪の付着には注意する。

3　真空包装

真空包装機に袋詰めした製品をセットするときは、包装資材の元の折り目にもどし、ていねいに行い、ウインナーソーセージの場合は並びを再度整える。真空の強さ、シールの温度または時間を包装資材の材質に合わせて調整する。ガスの置換包装をする場合は、ガス弁や圧力を調整する。

真空包装後は、ピンホールを確認するとともに、表面からではあるが、異物混入を最終確認する。シールした先の包装資材が余っているときは、適当な長さに切り詰める。

4　二次殺菌

二次殺菌を行うためには、それに合った材質の包装資材を選定する。二次殺菌の時間や温度は、材質によって異なるので、確認すること。ただし、長時間の加熱殺菌は、製品の品質を低下させる場合があるので注意する。

二次殺菌後は、すみやかに氷水等で冷却する。二次殺菌を行うと、この時点でも真空漏れが発見できる。

5　ラベル貼り

包装資材に、法律等によって決められた一括表示事項が印刷されていない場合は、一括表示事項を記入するためのラベルプリンターによって、ラベルを作成し、製品に貼付しなければならない。ラベルの賞味期限や品名を確認し、製品にラベルを貼付する。計量器付きのラベルプリンターは、単価を入力すると自動的に売価まで計算してラベルに記入させる。また、商品名やブランド名のラベルを貼付する場合は、ていねいに行う。

なお、一括表示事項の内容は、食品衛生法、品質表示基準等によって定められている。したがって、常に法律や基準等改正に配慮し、正しい表示を行わなければならない。

一二、食肉加工品の選び方と保存・取り扱い上の注意

1　食肉加工品の選び方

食肉加工品を購入するには、まず信頼のおける販売店を選ぶことから始まる。よい販売店の判断基準は、量販店と小売店では異なる。量販店では、冷蔵ショーケースの温度管理が徹底しており、一定のレベル（ライン）以上に商品が積まれていないことが最低の要件となり、通路にはみ出して陳列している店などは、ほかの商品の購入も避けるべきである。なぜならば、食肉加工品の大部分は、保存温度が10℃以下と法律で決められており、通路つまり店内が10℃以下ということはあり得ないからである。小売店の場合は、製造設備や販売ケース、製造者・販売者の衛生管理が行き届いて清潔な店であることや品揃えの豊富さなどである。一般的な販売方式は、前者は仕入（依託）販売形式がほとんどであり、商品のすべてはメーカーが包装したものを販売している。また、小売店の場合は、製品を仕入れてスライスした計り売り形式や、自店で製造から販売まで行う場合もある。どのような販売形式を取るにしても、加熱後の製品の包装時点の衛生管理と流通販売時点の温度管理が徹底されていることがもっとも重要であり、販売店の選択の基準ともなる。

食肉加工品を選ぶにはさまざまな尺度があるが、大きく分けて外観（見た目）、価格、表示事項および味などが考えられる。外観は、パッケージのデザインや商品そのものの形で判断される。価格

は、原則的に単価が安ければよいのだが、最近は価格と品質（味）が一致していれば多少高くても問題はないという状況にある。表示事項（一括表示事項）でもっとも関心度の高いのは、発色剤、保存料、着色料等の添加物である。この添加物の有無または使用割合が商品選択の判断基準にされている。また、添加物と同じく賞味期限も重要な要素となっている。賞味期限とは、食品衛生法によると「表示された方法により保存した場合において、その食品に期待される全ての品質特性が十分に保持しうると認められる期限」と定められており、一般的にいう「いつまでもつか」の判断基準とされている。したがって、賞味期限に近い商品は購入されず、値引き対象となる場合が多い。

消費者にとってもっとも重要な選択基準となるのは、味、つまり「おいしいこと」である。日本消費総合センターが実施したアンケート調査によると、商品を選ぶ際、重視する点はなにかを調べ、「一度食べておいしかったこと」がもっとも多く、おいしければ次回も同じ商品を購入するという結果が得られた。「価格が安い」は3位であり、先にも述べたように、安ければよいのではなく、おいしければ価格は別にしても購入するのである。消費者すべてがそうであるとはいえないが、製造者側もこのことをもう一度考え直すことも必要であろう。

2　保存・取り扱い上の注意

食肉加工品の保存方法は、製品ごとに保存温度が法律で定められており、製造者、流通業者および販売者ばかりでなく消費者も同様である。ほとんどの製品は10℃以下となっているが、非加熱食肉製品および特定加熱食肉製品の水分活性が0・95以上のものは4℃以下と定められており、生ハムやローストビーフなどの一部がこれに当たる。保存方法は必ず一括表示事項に記載されているので確認することが必要である。また、この保存方法は先にも述べた賞味期限と関連しており、何℃の保存でいつまで品質保持が可能かということになっており、保存方法を間違えた場合は賞味期限まで品質は保証されないことになる。

消費者が正しい保存方法を行い、賞味期限内であっても製品を開封した場合は速やかに消費すべきである。家庭用冷蔵庫は万全の保存方法と考える方が多いようであるが、気温が高い時期や、朝夕等冷蔵庫の開閉回数が多い場合は、温度が10℃以上となる場合も考えられる。また、魚・食肉の生物、野菜、古い副食の残りなどが一緒に入っていたりする場合もあるので、かならずしも衛生的であるとはいえない。理想的には、包装を開封したら速やかに消費すべきである。一回で消費できない場合は、ラップをしっかりして冷蔵庫で保管する必要がある。一般的にいったん保管すると忘れる場合も多いので、目安として賞味期限を書いておくことも必要である。

関連法規

ここでは、ハム・ソーセージにかかわる関連法規を以下に示す。各法律の条文についての詳細は、それぞれに記載したホームページ（ＨＰ）アドレスから確認するとよい。

1　食品、添加物等の規格基準

昭和34年12月28日　厚生省告示第３７０号

［食肉製品］

成分規格／製造基準／保存基準

［魚肉ねり製品］

成分規格／製造基準／保存基準

※参照：http://www-bm.mhlw.go.jp/

〈厚生労働省ホームページ〉所轄の法令、告示・通達等（法令検索）

2　総合衛生管理製造過程（ＨＡＣＣＰ）関連法規

(1) 食品衛生法

昭和22年12月24日　法律第２３３号

（最終改正：平成26年６月13日　法律第69号）

［第十三条］

※参照：http://www-bm.mhlw.go.jp/

〈厚生労働省ホームページ〉所轄の法令、告示・通達等（法令検索）

・食品衛生法施行令

昭和28年８月31日　政令第２２９号

（最終改正：平成27年３月31日

政令第１２８号）
（総合衛生管理製造過程の承認）［第一条］

・食品衛生法施行規則

昭和23年7月13日 厚生省令第23号
（最終改正：平成27年5月19日
厚生労働省令第１０２号）
（総合衛生管理製造過程に関する基準）［第四十条］

⑵ その他関係省令等

以下の通知については、厚生労働省内にある検索ページで内容を確認することができる。

※参照：http://www-bm.mhlw.go.jp/
〈厚生労働省ホームページ〉所轄の法令、告示・通達等（通知検索）

・総合衛生管理製造過程の承認とＨＡＣＣＰシステムについて

平成8年10月22日 衛食第２６２号
・衛乳第２４０号
（各都道府県・政令市・特別区衛生主管部（局）長あて厚生省生活衛生局食品保健課長・乳肉衛生課長通知）

・飲食店営業許可を得ている食肉販売施設における自家製ソーセージの取扱いについて

平成5年5月31日 衛乳第１１３号
（各都道府県・各政令市・各特別区衛生主幹部（局）長あて厚生省生活衛生局乳肉衛生課長通知）

３ 日本農林規格

⑴ 一般ＪＡＳ規格

・ベーコン類の日本農林規格

昭和48年4月10日 農告第７８６号

（最終改正：平成27年5月28日
農水告第１３８７号）

・ハム類の日本農林規格
昭和56年8月21日 農水告第１２６０号
（最終改正：平成27年5月28日
農水告第１３８７号）

・プレスハムの日本農林規格
昭和46年2月26日 農告第３３８号
（最終改正：平成27年5月28日
農水告第１３８７号）

・ソーセージの日本農林規格
昭和52年4月25日 農告第４１１号
（最終改正：平成26年8月14日
農水告第１０９６号）

(2) 特定ＪＡＳ規格

・熟成ベーコン類の日本農林規格
平成7年12月20日 農水告第２０７５号
（最終改正：平成26年8月14日
農水告第１０９９号）

・熟成ハム類の日本農林規格
平成7年12月20日 農水告第２０７３号
（最終改正：平成26年8月14日
農水告第１０９７号）

・熟成ソーセージ類の日本農林規格
平成7年12月20日 農水告第２０７４号
（最終改正：平成26年8月14日
農水告第１０９８号）

※参照：http://www.maff.go.jp/j/jas/
〈農林水産省ホームページ〉食品表示とＪＡＳ規格→
ＪＡＳ規格一覧

4　ハム・ソーセージ類の表示に関する公正競争規約

平成4年9月7日認定
（最終改正：平成24年10月4日）

※参照：http://www.jfftc.org/
〈（一社）全国公正取引協議会連合会ホームページ〉
公正競争規約・規約条文→表示に関する公正競争規約

参考文献

宇田信夫「食肉加工基礎講座」（社）日本食肉加工協会（1998年）
「食肉・食肉加工品に関する統計」（社）日本食肉加工協会・日本ハム・ソーセージ工業協同組合（1996年、1997年）
「食肉の科学」日本食肉研究会VOL.36・37 No.1,2（1995年）、同VOL.48 No.1
鈴木　普「食肉製品の知識」幸書房（1992年）
高坂和久「ハム・ソーセージ入門」日本食糧新聞社（1993年）
森田重廣監修「食肉・肉製品の科学」学窓社（1992年）
「昭和の食品産業史」日本食糧新聞社（1990年）
「フライッシャー・マイスターの専門知識（上）」食肉通信社（1990年）
「フライッシャー・マイスターの専門知識（下）」食肉通信社（1991年）
川辺長次郎編「日本食肉史年表」食肉通信社（1980年）
天野慶之他「食肉加工ハンドブック」光琳（1980年）
矢野晋三「ハム・ソーセージ製造法ＡＢＣ」食肉通信社（1978年）
「食肉加工百年史」（社）日本食肉加工協会・日本ハム・ソーセージ工業協同組合（1970年）
「現代日本産業発達史「食品」」現代産業発達史研究会（1967年）
「食肉関係資料」農林水産省
「日本食肉加工情報」（一社）日本食肉加工協会・日本ハム・ソーセージ工業協同組合

古澤　栄作（ふるさわ　えいさく）
公益社団法人全国食肉学校

1955年生まれ。1974年３月、栃木県立宇都宮農業高等学校畜産家卒業後、東京農業大学農学部畜産学科入学、1978年卒業、同大学院農学研究科（農業経済学専攻）に進み1983年３月博士後期課程単位取得終了、職業訓練指導員免許（食肉科）取得。

1983年４月、社団法人全国食肉学校（現公益社団法人・群馬県佐波郡）勤務。食肉に関する調査・研究、食肉処理・加工・衛生等に関する講義および実技指導等に携わり、1995年３月、ハム・ソーセージ・ベーコン製造１級技能資格取得。同校研究所研修所主任研究員・教務部専任講師を経て、2013年４月教務部長、現在にいたる。2013年８月ものづくりマイスター（ハム・ソーセージ製造）認定。

食品知識ミニブックスシリーズ「**改訂４版　ハム・ソーセージ入門**」
定価1,200円（税別）

平成5年11月30日　初版発行
平成10年9月17日　新版発行
平成20年6月20日　改題・改訂3版発行
平成27年8月28日　改訂4版発行

発　行　人：松　本　講　二
発　行　所：**株式会社　日本食糧新聞社**
〒103-0028　東京都中央区八重洲1-9-9
編　　　集：〒101-0051　東京都千代田区神田神保町2-5
北沢ビル　電話03-3288-2177
FAX03-5210-7718
販　　　売：〒105-0003　東京都港区西新橋2-21-2
第１南桜ビル　電話03-3432-2927
FAX03-3578-9432
印　刷　所：**株式会社　日本出版制作センター**
〒101-0051　東京都千代田区神田神保町2-5
北沢ビル　電話03-3234-6901
FAX03-5210-7718

乱丁本・落丁本は、お取替えいたします。

ISBN978-4-88927-247-5 C0200

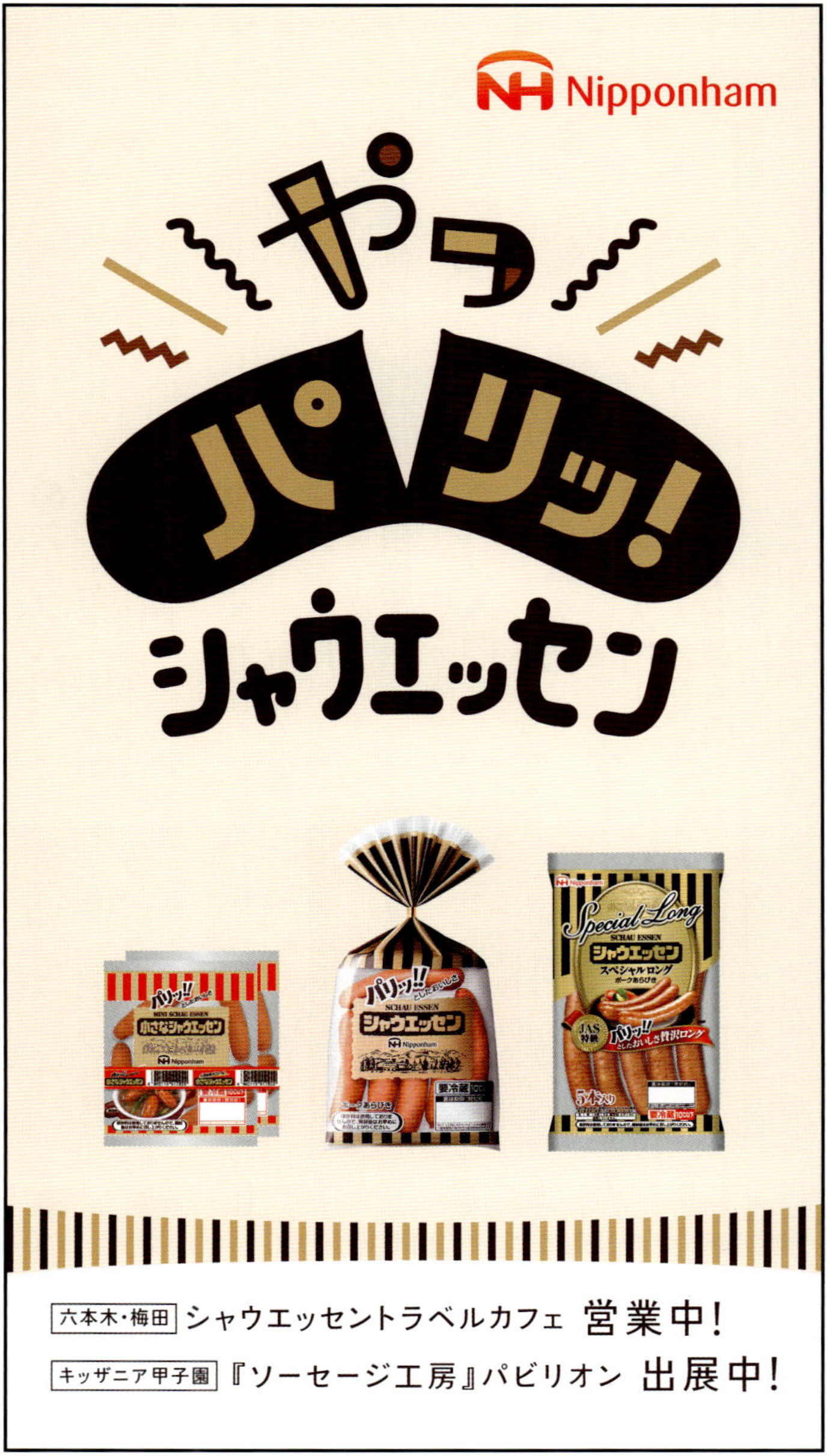
Nipponham
やっパリッ!
シャウエッセン
パリッ!!
MINI SCHAU ESSEN
小さなシャウエッセン
Nipponham
パリッ!! としたおいしさ
SCHAU ESSEN
シャウエッセン
Nipponham
ポークあらびき
要冷蔵
Nipponham
Special Long
SCHAU ESSEN
シャウエッセン
スペシャルロング
ポークあらびき
JAS 特級
パリッ!! としたおいしさ贅沢ロング
5本入り
要冷蔵
六本木・梅田 シャウエッセントラベルカフェ 営業中!
キッザニア甲子園 『ソーセージ工房』パビリオン 出展中!

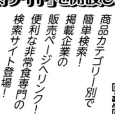

伊藤ハム
熟成
コク、
深みの
あらびき
コク,深みのあらびき
熟成
伊藤ハム
The GRAND
アルトバイエルン
要冷蔵
原料肉：豚肉100%
The GRAND
アルトバイエルン